第1章

情報のディジタル表現

1.1 情報のディジタル化

1.1.1 アナログとディジタル

　情報を工学的な手段で取り扱うためには，先ず情報を何らかの物理量に変換しなければならない。この物理量には**アナログ**(analog)**量**と**ディジタル**(digital)**量**がある。

　アナログ量とは，時間，気温，電流のように連続的な値をとる量のことである。これらの量を一定の間隔(例えば1秒毎)で区切って不連続な変化にしてしまうことを「**標本化**」または「**サンプリング**(sampling)」という。「標本化」されたとき得られた値は連続的な値であり，誤差なく正確に数値化するためには，無限の桁数が必要となる。これを有効桁の数値で表そうとする作業を「**量子化**」という。「量子化」した値に具体的な数値を何段階かのレベル値として割り当てる作業を「**符号化**」という。得られたレベルを「0」と「1」のビット列で表現したものを**ディジタル値**といい，ディジタル値で表された量が**ディジタル量**である。(2章練習2.1　図2.5　参照)

　アナログ量で表された内容を**アナログ情報**といい，ディジタル量によって表された内容を**ディジタル情報**という。

　身近な例としては，アナログ表示とディジタル表示の時計をあげ

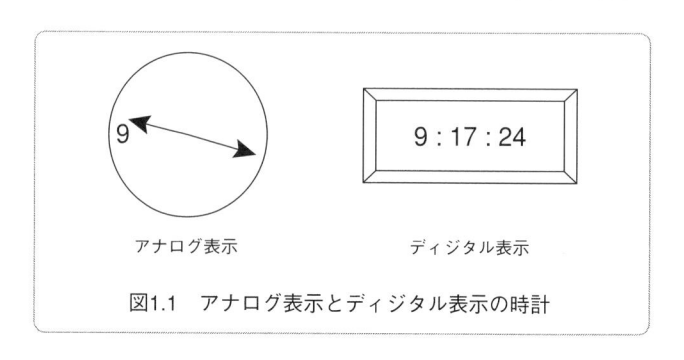

図1.1　アナログ表示とディジタル表示の時計

情報メディア入門

はじめに

　最近，メディアという言葉をよく耳にしますが，メディアとは何でしょうか？　情報メディア工学の本(p.184参考文献 8)の中で，美濃，西田らは，メディアを次のように分類・定義しています。

　「メディアには，3つの階層があり，上位メディアから情報メディア，表現メディア，通信メディアである。情報メディアは新聞，テレビ，電話など情報を伝えるメディアであり，表現メディアは言語，文字，画像，映像など伝えたい情報を表現するメディアである。また，通信メディアは表現メディアを伝送するためのメディアである。」

　このような分類でいくと，本書で取り扱うメディアは表現メディアにあたります。本書では，文字，画像，音，映像を対象とした表現方法や処理方法，それらを取り扱う関連機器，さらに，それらを対象としたマルチメディアの作成について述べています。

　本書の執筆者は，理系，文系，総合情報系でマルチメディア関連の授業や演習を担当しています。その経験を生かして，本書は，大学，高専，短大の理系，文系をとわず情報関連学科の入門教育で利用していただけるように，数式をできるだけ使わないように，わかりやすく執筆しました。また，高等学校レベルの「情報」のやさしい内容から解説し，どの章からでも利用できる構成になっていますので，授業で利用される場合は，利用方法を工夫していただければ幸いです。

　本書の1章は野村，2章は高橋，3章は西野，4，5章は立田が担当しました。3章のディジタル画像処理のプログラム(EXCEL)を授業で利用される場合は，下記のURLを参照してご利用ください。

http://www.jikkyo.co.jp

２００１年１２月

　　　　　　　　　　　　　　　　　　　　　　　　　　　　　　高橋参吉

目次

第1章　情報のディジタル表現 …………………………… 5
1.1　情報のディジタル化 ………………………………………… 6
1.1.1　アナログとディジタル／1.1.2　ディジタル化のメリット
1.2　数値のディジタル表現 ……………………………………… 11
1.2.1　2進数／1.2.2　2進数と10進数／1.2.3　負数の表現／1.2.4　コンピュータ内部での表現
1.3　文字のディジタル表現 ……………………………………… 16
1.3.1　文字コード／1.3.2　日本語のためのコード
1.4　画像のディジタル表現 ……………………………………… 21
1.4.1　ラスタグラフィックス／1.4.2　ベクタグラフィックス
1.4.3　3Dグラフィックス／1.4.4　画像の圧縮
1.5　音のディジタル表現 ………………………………………… 32
1.5.1　音の三要素／1.5.2　音のディジタル化／1.5.3　音源と演奏情報
1.5.4　音データの圧縮
1.6　動画のディジタル表現 ……………………………………… 37
1.6.1　動画のディジタル化／1.6.2　インターリーブ構造／1.6.3　動画の圧縮
1.6.4　動画のファイル形式

第2章　情報のディジタル化と処理 …………………… 41
2.1　音のディジタル化処理 ……………………………………… 42
2.1.1　音と波／2.1.2　音の標本化と標本化定理／2.1.3　音の量子化と符号化
2.2　画像のディジタル化処理 …………………………………… 48
2.2.1　画像の標本化と標本化定理／2.2.2　カラー画像の量子化
2.2.3　表計算ソフトを利用した学習ツール／2.2.4　カラー画像の分解・合成の学習教材
2.2.5　標本化と量子化の学習教材
2.3　ディジタル画像の処理 ……………………………………… 59
2.3.1　ヒストグラム／2.3.2　濃度変換／2.3.3　濃度変換の学習教材
2.3.4　フィルタリング／2.3.5　フィルタの学習教材

2.4　動画のしくみとアニメーション ……………………………………… 71
　　2.4.1　動画のしくみ/2.4.2　アニメーションの作成/2.4.3　アニメーションの実行

第3章　メディア処理システム ……………………………… 79
3.1　コンピュータの構成 …………………………………………………… 80
　　3.1.1　コンピュータの基本構成/3.1.2　中央処理装置3.1.3　主記憶装置
　　3.1.4　マザーボードとバス/3.1.5　インタフェース/3.1.6　拡張カード
3.2　入力装置 ……………………………………………………………… 93
　　3.2.1　対話デバイス/3.2.2　画像入力機器/3.2.3　映像入力機器/3.2.4　音声入力機器
3.3　出力装置 ……………………………………………………………… 110
　　3.3.1　CRTディスプレイ/3.3.2　液晶ディスプレイ3.3.3　プリンタ/3.3.4　スピーカ
3.4　補助記憶装置 ………………………………………………………… 122
　　3.4.1　補助記憶装置の種類/3.4.2　光ディスク/3.4.3　磁気ディスク

第4章　マルチメディア作品の作成(1) ………………… 127
4.1　画像の利用 …………………………………………………………… 128
　　4.1.1　ペイントの利用/4.1.2　レイヤーの利用/4.1.3　効果の利用
4.2　画像の取り込み方法 ………………………………………………… 143
　　4.2.1　スキャナによる画像/4.2.2　デジカメによる画像

第5章　マルチメディア作品の作成(2) ………………… 149
5.1　アニメーションの利用 ………………………………………………… 150
　　5.1.1　アニメーションGIF/5.1.2　アニメーション作成
5.2　音声の利用 …………………………………………………………… 159
　　5.2.1　音声の入力/5.2.2　音声の編集1/5.2.3　音声の編集2
5.3　動画の利用 …………………………………………………………… 166
　　5.3.1　動画の再生/5.3.2　動画の取り込み/5.3.3　動画の編集/5.3.4　ファイルの出力

練習問題　解答 ……………………………………………………… 180

参考文献・マニュアル・URL・使用ソフト一覧 ………………… 184

索　　引 ………………………………………………………………… 187

ることができる。時刻が「9時17分24秒」であるとき，表示盤がそれほど大きくなく秒針がついていないアナログ表示の時計では，9時17分なのか18分なのか正確にはわかりにくい。しかし，ディジタル表示の時計では，表示が「分」までであれば，少なくても9時17分を過ぎて18分に達していないとか，あるいは既に18分を過ぎたということはわかる。また，表示が「秒」まででであれば，正確に「9時17分24秒」であることもわかる。

　コンピュータで扱うことができるデータは，ディジタル情報である。物理量をディジタル量や状態によって表した信号を**ディジタル信号**という。この中でも電気的には最も簡単なON，OFF2つの状態を表す信号だけで，すべての情報を表現しようとするのがコンピュータの基本的な考え方である。この2つの状態を「1」と「0」の2値で表現したのが**2進数**であり，「1」と「0」を複数組み合わせることによってあらゆる情報を表現し，処理することができる。

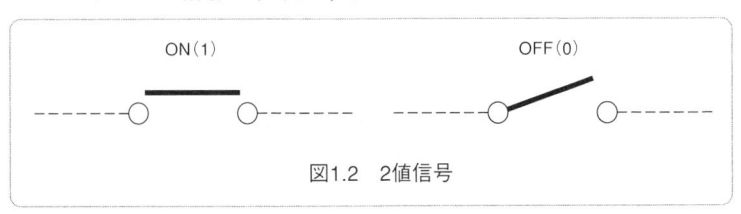

図1.2　2値信号

10進数	2進数
0	0
1	1
2	10
3	11
4	100

図1.3　2進数の表現

1.1.2　ディジタル化のメリット

　コンピュータで扱われるデータが2値のディジタル情報であるということは，以下のようなメリットによる。

(1)正確,安価な情報伝達

ON,OFFのような2つの信号の状態を区別することは,多くの情報を識別することよりも明らかに容易である。

例えば,**2値信号**の「1,0,1,0,0,1,0,0」という情報を①のような信号列で表して発信したとする。

伝送過程において,雑音などで②のように歪んだ波形になったとしよう。

このとき,発信側と受信側で同期を取った一定の時間ごとに一定のレベル以上の信号をサンプリングすれば,③のような原信号波形と同様な信号列を再現することができる。これを2値信号に変換すれば「1,0,1,0,0,1,0,0」という元の情報が得られる。このように情報の伝送方式が簡単なため,正確でコストも安い情報伝達が可能になる。

① 原信号波形
1 0 1 0 0 1 0 0

② 雑音で歪んだ波形

③ 原信号波形の再現
1 0 1 0 0 1 0 0

図1.4 波形の再現

(2)マルチメディアによる情報の一元化

情報を表現するためには,数値,文字,静止画,音,動画などのメディアがある。数値や文字は1つ1つが独立した概念を持っているために,ディジタル情報に変換することが容易であり,コンピュータで早くから用いられていた。一方,静止画,音,動画は一定の連続した量(アナログ量)で情報を表し,その情報量は膨大である。しかし,コンピュータにおける様々な技術の発達により,これらのメディアについてもディジタル化が可能になった。このように異なった様々な情報がディジタル化され一元化されたことにより,コンピュータで共通に扱うことができるようになった。これらのディジタルな**表現メディア**を組み合わせて表示するのがマルチメディアである。マルチメディアを実現することにより,視覚的表現や音声効

果も使うことができ，わかりやすく楽しい情報を提供することができる。そして，情報そのものの価値を高めることもできる。

(3)情報圧縮による高速化

音や画像のようにアナログ情報をディジタル情報に変換すると情報量は膨大になる。これらの情報をMOやFDなどの**記録メディア**に保存したり，**通信メディア**で転送したりするためには膨大な時間がかかる。

そのため，少ない情報量で多くの情報を表すことができる情報圧縮のための様々な手法が考えられた。情報がディジタル化され一元化されているため，これらの情報圧縮技術はデータの種類が異なっても使用することができる。情報圧縮技術の進歩と情報転送の高速化がインターネットの普及の大きな要因となった。

コラム：代表的な圧縮手法
●ランレングス(Run Length)圧縮

連続する同じ値を「値」と「繰り返しの回数」に置き換えることでデータを圧縮する方法。ファクシミリなどで利用されている。例えば，ファクシミリが読み込んだ，文字を形成している黒い部分を1，空白の部分を0としてデータ化すると33ビットになったとしよう。

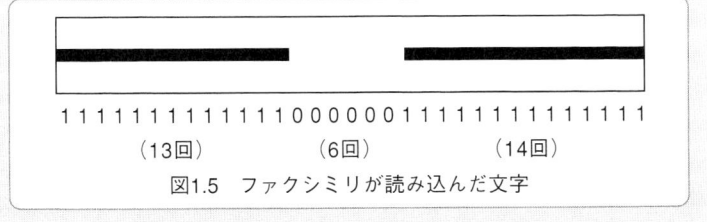

```
1111111111111000000111111111111111
   (13回)      (6回)      (14回)
```
図1.5　ファクシミリが読み込んだ文字

黒と白の部分は交互になるので，「値」を省略して回数のみを例えば6桁で表せば

001101000110001110

のように18ビットに圧縮することができる。

● ハフマン（Huffman）圧縮

　出現率の高いバイトを短いビット列のコードに，低いバイトを長いビット列のコードに置き換えることでデータを圧縮する方法。

　ハフマン圧縮では4ビットから10ビットまでのビット列のコードを使用することができる。また，各コードの先頭3ビットは，4ビット目以降に続くビットの数を表している。

　コンピュータの内部では，アルファベットの各文字を1バイト（8ビット）のコードで表す。（1章　1.3　文字　参照）

　例えば，「AAABBZ」という文字列は

　　　A　　　　A　　　　A　　　　B　　　　B　　　　Z
　01000001　01000001　01000001　01000010　01000010　01011010

のように48ビットのビット列で表されている。

　ハフマン圧縮では，例えば最も出現率の高い「A」のコードを4ビットに，最も出現率の低い「Z」のコードを10ビットに変換する。その他の文字コードも出現率に応じて変換される。

　例えば

A 0010　　　（4ビット目以降が1ビットであることを表す）
B 0011　　　（4ビット目以降が1ビットであることを表す）
Z 1110001111　（4ビット目以降が7ビットであることを表す）

のように変換すると

　　A　　A　　A　　B　　B　　Z
　0010　0010　0010　0011　0011　1110001111

のように30ビットに圧縮することができる。

● 練習1.1

　身近なアナログとディジタルの機器について調べ，その特徴をまとめなさい。

1.2 数値のディジタル表現

1.2.1 2進数

ディジタル情報は，「1.1.1 アナログとディジタル」で述べたように，電気的に最も簡単なON，OFF2つの状態を「1」と「0」の2値(2進数)で表し，これを複数桁組み合わせることによってすべての情報を表現する。

表1.1 10進数・2進数・16進数

10進数	2進数	16進数
0	0000	0
1	0001	1
2	0010	2
3	0011	3
4	0100	4
5	0101	5
6	0110	6
7	0111	7
8	1000	8
9	1001	9
10	1010	A
11	1011	B
12	1100	C
13	1101	D
14	1110	E
15	1111	F
16	10000	10

1桁の値が「1」か「0」か2種類の情報のうちのいずれかを取るものをビット (bit) といい，これが情報の最小単位である。

私たちが日常使っている10進数の数字は，桁上がりを利用することで，簡単に2進数に変換することができる。しかし，2進数で表現するとすぐに桁数が多くなってしまうために，コンピュータの世界では2進数を4ビットずつ区切って表した16進数を使うのが普通である。1バイト (byte) ＝8ビットという単位を定め，実際のデータのやり取りはこれを基準に行っている。

1.2.2　2進数と10進数

(1) 10進数から2進数への変換

i) 整数の変換

　10進法は，0から9までの10種類の記号を使用してすべての数値を表現する方法で，10進法で表した数が10進数である。また，このとき使用した記号の種類数10を基数という。

　例えば123という10進数は，基数10の指数を使用して，次のように表現することができる。

$$123 = 1 \times 10^2 + 2 \times 10^1 + 3 \times 10^0$$

同様に2進法は，0から1までの2種類の記号を使用してすべての数値を表現する方法であり，2進法で表した数が2進数で，基数は2である。

　先ほどの123という10進数は，基数2の指数を使用すると，下記のように表現することができる。

$$123 = 1 \times 2^6 + 1 \times 2^5 + 1 \times 2^4 + 1 \times 2^3 + 0 \times 2^2 + 1 \times 2^1 + 1 \times 2^0$$

すなわち，2進数で表示すると1111011となる。

　基数を明らかにするために，$(1111011)_2$と書くことが多い。10進数は$(123)_{10}$のように表す。

ii) 小数の変換

　同様に13.25という2桁の整数部と2桁の小数部を持つ10進数を基数10の指数を用いて表すと，下記のようになる。

$$(13.25)_{10} = (1 \times 10^1 + 3 \times 10^0 + 2 \times 10^{-1} + 5 \times 10^{-2})_{10}$$

基数2を用いて表すと，下記のようになる。

$$(13.25)_{10} = (1 \times 2^3 + 1 \times 2^2 + 0 \times 2^1 + 1 \times 2^0 + 0 \times 2^{-1} + 1 \times 2^{-2})_{10}$$

これを2進数で表示すると$(1101.01)_2$となる。

(2) 2進数から10進数への変換

i) 整数の変換

　2進数を10進数に変換するためには，(1)で説明した計算を逆にたどればよい。

例えば11001という2進数を10進数に変換するには
$$(11001)_2 = (1 \times 2^4 + 1 \times 2^3 + 0 \times 2^2 + 0 \times 2^1 + 1 \times 2^0)_{10}$$
$$= (1 \times 16 + 1 \times 8 + 0 \times 4 + 0 \times 2 + 1 \times 1)_{10}$$
$$= (25)_{10}$$
のように考えればよく，10進数の25という数字が得られる。

ii) 小数の変換

$(1101.01)_2$ という小数部を持つ2進数を10進数に変換するためには，
$$(1101.01)_2 = (1 \times 2^3 + 1 \times 2^2 + 0 \times 2^1 + 1 \times 2^0 + 0 \times 2^{-1} + 1 \times 2^{-2})_{10}$$
$$= (1 \times 8 + 1 \times 4 + 0 \times 2 + 1 \times 1 + 0 \times 1/2 + 1 \times 1/4)_{10}$$
$$= (13.25)_{10}$$
のように計算すればよい。

1.2.3 負数の表現

2進法において負数を表現するためには，(符号＋絶対値)で表す方法と，補数を用いて表す方法の2通りが用いられる。

(1) 符号＋絶対値

例えば，－12という10進数は，最上位に負数を表す符号1を付けて次のように表現する。
$$-(12)_{10} = -(001100)_2$$
$$= (101100)_2$$

(2) 補数

補数を使った考え方はさらに「1の補数」，「2の補数」の2通りに分けられる。補数が用いられるのは，コンピュータの中での演算を簡単に速く行うことができるからで，実際には最も簡単な「2の補数」の方法が用いられている。

i) 1の補数

Nを2進数，nをNの桁数とするとき，

1の補数＝$(2^n-1)-N$ と定義する。

例えば，最上位が符号を表す(0のとき＋，1のとき－)2進数

1011の1の補数は

$(2^4-1)_{10} - (1011)_2 = (1111 - 1011)_2$
$= (0100)_2$

1の補数は，元の値の1と0を入れ換えても求めることができる。

ii) 2の補数

同じく，Nを2進数，nをNの桁数とするとき

2の補数 $= 2^n - N$ と定義する。

i) の2進数1011の2の補数は

$(2^4)_{10} - (1011)_2 = (10000 - 1011)_2$
$= (0101)_2$

定義より，2の補数は1の補数に1を加えればよいので，簡単には元の値の1と0を入れ換えて，1を加えて求めることができる。

コラム：補数の考え方

図1.6のように時計方向に1周まわすと1ずつ数値が増え，反時計方向に1周まわすと1ずつ数値が減っていくカウンタを考える。2桁の10進数では「00」が最小，「99」が最大表示となる。

今，「00」を基準として反時計方向に1回まわすと「99」が表示されるが，これは1減るので負数と考えることにする。

すなわち「00」は0，「01」は1，「99」は−1である。

このような負数の表現を補数表現という。補数の求め方は，例えば，−3の補数は，100−3＝97で求めることができる。

図1.6　補数表現

3桁の2進数の場合は$(111)_2$が$(001)_2$の負数を表していることになる。

1.2.4 コンピュータ内部での表現

　実際のコンピュータで扱われる数値は，整数や実数などを16ビットあるいは32ビットを用いて次のように表現する。

(1) 整数

符号	数　値
1bit	15bit

(2) 実数（浮動小数点表示）

符号	指数部	仮数部
1bit	7bit	24bit

　例　1.2.2(1)ii) の10進数13.25は

　　　0.1325×10^2 と表記できる。

　　　仮数部・指数部

　理解しやすくするために，10進数表示にすると

＋	2	1325
1bit	7bit	24bit

実際のコンピュータ内部の表現は下記の通りである。

0	0000010	0〜010100101101
1bit	7bit	24bit

● 練習1.2

(1) $(365)_{10}$ を2進数で表示しなさい。

(2) $(21.5)_{10}$ を2進数で表示しなさい。

(3) $(101011)_2$ を10進数で表示しなさい。

(4) $(101.11)_2$ を10進数で表示しなさい。

1.3 文字のディジタル表現

1.3.1 文字コード

人間が扱っている文字は，言葉を「視覚的な記号」すなわち「イメージ」で表したものである。コンピュータでは，文字を文字に付けた固有の番号(文字コード)で表し，数値化して扱っている。

(1)7ビットコード(標準)

コンピュータはアメリカで誕生したため，100文字程度の英数記号が扱えればよかった。1962年にANSI(アメリカの規格制定団体)が文字をコード化する規格として「ASCII(American Standard Code for Information Interchange)」を採用し，これが標準規格となった。

ここでは，7ビットのデータが1単位として扱われている。7ビットでは，最大$2^7=128$文字までを表現することができる。表1.2にASCIIコード表を示す。

表1.2　ASCIIコード表

0	·	16	·	32	[スペース]	48	0	64	@	80	P	96	`	112	p
1	·	17	·	33	!	49	1	65	A	81	Q	97	a	113	q
2	·	18	·	34	"	50	2	66	B	82	R	98	b	114	r
3	·	19	·	35	#	51	3	67	C	83	S	99	c	115	s
4	·	20	·	36	$	52	4	68	D	84	T	100	d	116	t
5	·	21	·	37	%	53	5	69	E	85	U	101	e	117	u
6	·	22	·	38	&	54	6	70	F	86	V	102	f	118	v
7	·	23	·	39	'	55	7	71	G	87	W	103	g	119	w
8	**	24	·	40	(	56	8	72	H	88	X	104	h	120	x
9	**	25	·	41	)	57	9	73	I	89	Y	105	i	121	y
10	**	26	·	42	*	58	:	74	J	90	Z	106	j	122	z
11	·	27	·	43	+	59	;	75	K	91	[	107	k	123	{
12	·	28	·	44	,	60	<	76	L	92	¥	108	l	124	|
13	**	29	·	45	-	61	=	77	M	93	]	109	m	125	}
14	·	30	·	46	.	62	>	78	N	94	^	110	n	126	~
15	·	31	·	47	/	63	?	79	O	95	_	111	o	127	·

(2) 8ビットコード(拡張)

1ビット増えると$2^8=256$で、7ビットコードの2倍の文字を表現することができる。ASCIIコードの7ビットと重複する部分はそのままにし、増えた128個に国別の新しいコードを割り当てることを認める方法が、国際規格(ISO8859)化された。

日本では、国産コンピュータ初期の時代に、この拡張部分にカナ文字を割り当てる「JIS X0201」という8ビットコードが規格化されている。ただし、8ビットコードは通信経路に対応できないこともあるので、メールなどに使用するときには注意が必要である。

1.3.2 日本語のためのコード

日本語は常用漢字だけでも2000文字近くあり、8ビットコードに拡張しても、とても表現することができない。そこで、2文字分である16ビットを使って表現する方法が考えられた。16ビットでは$2^{16}=65536$文字の表現が可能である。現在、使用されている日本語拡張機能を持つコードの規格には「**JIS**」、「**シフトJIS**」、「**EUC**」、「**Unicode**」などがある。

(1) JIS

1983年に規格化された「JIS X0208」のことを、一般的には「JISコード」と呼んでいる。7ビットコードを2バイト使用するコード体系であるが、8ビットデータで表記されるため、256行×256列の文字コード表を用意している。行を「**区**」、列を「**点**」と呼び、コード番号は16進数で表記する。文字コード表の区画毎に、第1水準の漢字(アルファベット、数字、記号、ひらがな、カタカナ、使用頻度の高い漢字2965)や第2水準の漢字(その他の漢字3388文字)を割り当てている。7ビットコード体系であるため、あらゆる通信経路に対応できる。

しかし、ワープロなどでは半角文字(1バイト文字)と全角文字(2

バイト文字)を併用することができるため,「ASCII」と「JIS」をそのまま使用すると,どれが1バイト文字でどれが2バイト文字であるかがわからなくなる。そこで,「**エスケープシーケンス**」と呼ばれる1バイト文字と2バイト文字の切り替えを行う制御文字列を使用している。

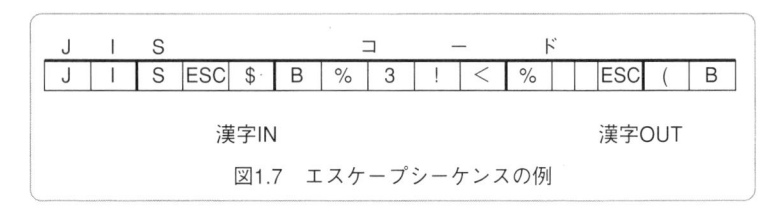

```
   J  I  S              コ     ー     ド
 | J | I | S |ESC| $ | B | % | 3 | ! | < | % |ESC| ( | B |
            漢字IN                       漢字OUT
            図1.7  エスケープシーケンスの例
```

(2)シフトJIS

　シフトJISは,米マイクロソフト社と日本のアスキー社がMS－DOSを日本語に移植する際に作成したコード体系で,JISコードを基に8ビットコードを2バイト使用するコード体系である。区コードが80～9F,E0～FCの部分に漢字コードの先頭バイトを割り当てることにより,エスケープシーケンスを使用しなくても1バイト文字と2バイト文字の区別ができる。JISのような標準化団体が定めた規格ではないが,便利でもあり,普及したパソコンの数だけ使用されているため,事実上のパソコンにおける標準文字コード体系となっている。

「例」 「情報」という漢字のJISコードとシフトJISコードの
　　　 表記(16進表記)は以下のようになっている。

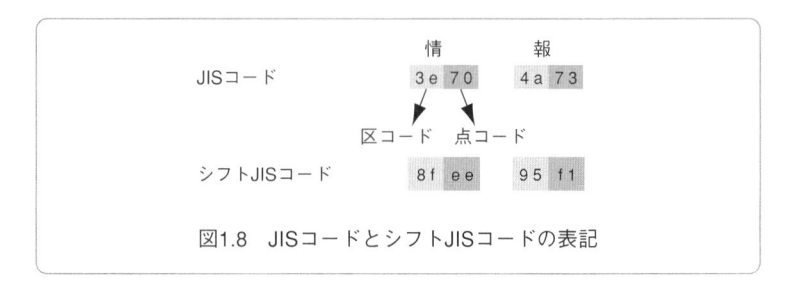

```
                        情      報
        JISコード      3e 70   4a 73
                       ↓  ↓
                      区コード 点コード
        シフトJISコード  8f ee   95 f1

        図1.8  JISコードとシフトJISコードの表記
```

図1.9　JISコードとシフトJISコード

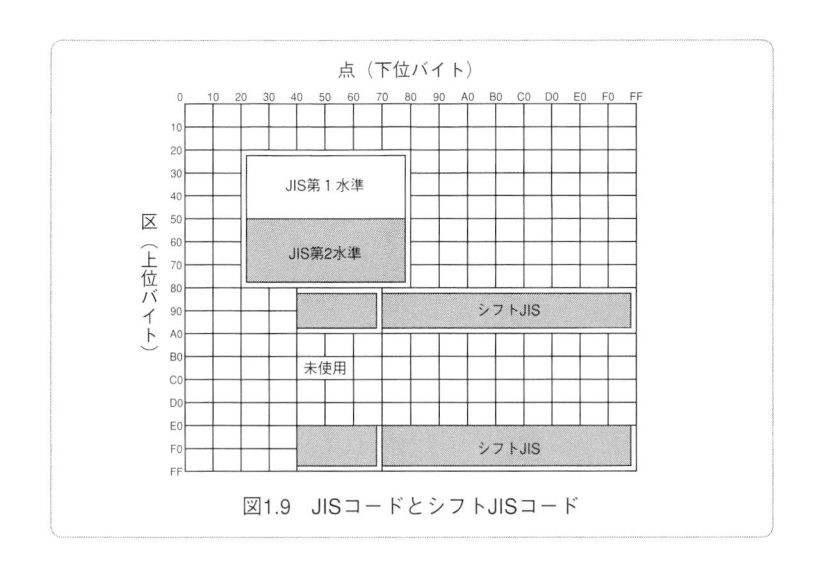

(3) EUC

　サーバーやワークステーションのOSとして採用されているUNIXではEUCという漢字コード体系を使う。JISコードをそのまま8ビットに拡張し，拡張された最上位ビットを常に1にして扱うので，エスケープシーケンスは不要である。インターネット上ではよく使用されている。

「例」「情」という漢字のJISコードは3e70である。
　　　この「区」，「点」各々の16進数値に，80(16進数)を足せば，最上位ビットが1になる。
　　　　　　3e + 80 = be　　　70 + 80 = f0
　　　したがって，EUCコードではbef0になる。

(4) Unicode

　コンピュータのOSメーカーが集まって国際統一文字コード体系を作ろうと企画し，出来上ったのがUnicodeという文字体系である。1文字を2バイトでコード化し，漢字，ハングル，ギリシア，ヘブライなど世界中の多くの国の言語に対応している。Unicode表は256区×256点で構成され，次の4つの領域からなっている。

- A領域　00区〜4D区　　アルファベット，数学記号，ひらがな，カタカナ
- I領域　　4E区〜9F区　　漢字
- Q領域　A0区〜DF区　　ハングル文字
- R領域　E0区〜FF区　　アラビア文字

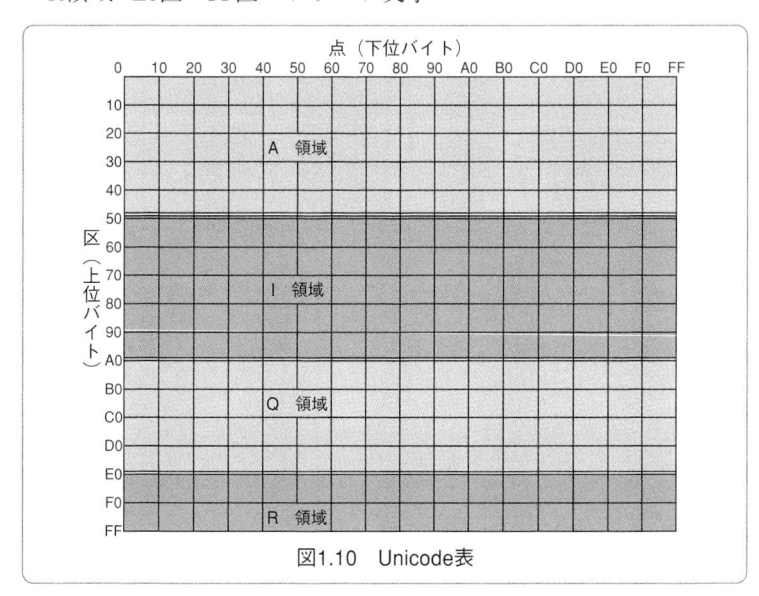

図1.10　Unicode表

●練習1.3

Windows付属のIMEパッドなどを用いて，任意の漢字の「JIS」，「シフトJIS」，「Unicode」における各コードの違いを調べなさい。

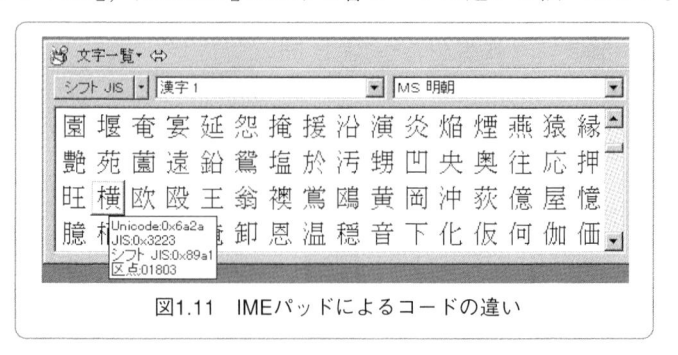

図1.11　IMEパッドによるコードの違い

●練習1.4

電子メールやブラウザのソフトには，どのような文字コードが登録されているか調べなさい。

1.4 画像のディジタル表現

項目1.3の文字は，コンピュータの中では文字コードとして扱われているが，これを文字イメージ(画像)に結び付け，グラフィックスとして出力しなければ，私たちは文字として認識できない。

また，絵や写真などのアナログ画像をディジタル画像に変換して，データとして処理する必要がある。

これらのグラフィックスは，「**ラスタグラフィックス**」と「**ベクタグラフィックス**」に分けられる。この2つは2次元平面上のグラフィックスであるが，3次元空間を扱う「**3Dグラフィックス**」も存在する。ここでは，この3つを静止画像としてまとめた。

1.4.1　ラスタグラフィックス(raster graphics)
(1)表示方式

コンピュータが扱うグラフィックスの基本となるもので，画像を2次元平面上の座標(x, y)の関数$f(x, y)$の集まりとして扱う方法で，「Bitmap」方式と呼ばれている。ディスプレイもプリンタもこの方式で，fはディスプレイでは輝度値を，プリンタでは濃淡値を表している。

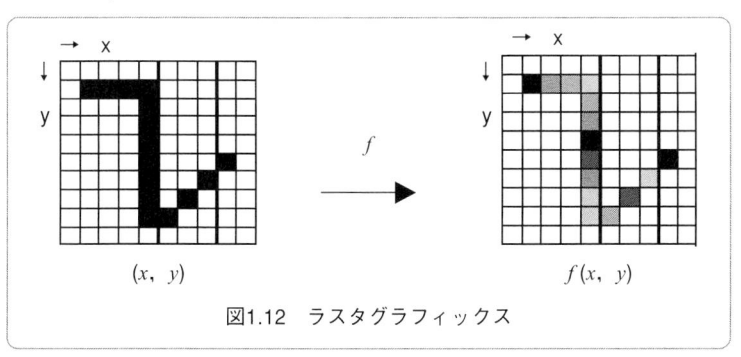

図1.12　ラスタグラフィックス

ラスタグラフィックスで画像を描くときの最小単位を「**画素 (pixel)**」という。画素が小さいほど精密な画像を描くことができる。この画素の細かさのことを画像の「**解像度**」といい，1インチあたりの画素数dpi(dot per inch)で表す。

ラスタグラフィックスで文字の形を出力するということは，図1.13に示すように16×16ドット，24×24ドットなどの決まった2次元平面を用意し，文字を構成する座標の値は1，それ以外の背景部分の座標の値は0として文字の形をデザインしてディジタル化することである。

コンピュータでは，同じような方式でデザインされた書体の1セットのことをフォントといい，あらかじめ作成された多種類のフォントが用意されている。フォントを選択し，文字を入力すると，その文字コードに対応したデザインのグラフィックスが，ディスプレイやプリンタに出力されるしくみである。

	0	1	2	3	4	5	6	7	8	9	10	11	12	13	14	15
0	0	0	0	0	0	0	0	0	0	0	0	0	0	0	0	0
1	0	0	0	0	0	0	0	0	0	0	0	0	0	0	0	0
2	0	0	0	0	0	0	0	1	1	0	0	0	0	0	0	0
3	0	0	0	0	0	0	0	1	1	0	0	0	0	0	0	0
4	0	0	0	0	0	1	1	0	0	1	1	0	0	0	0	0
5	0	0	0	0	0	1	1	0	0	1	1	0	0	0	0	0
6	0	0	0	0	1	1	0	0	0	0	1	1	0	0	0	0
7	0	0	0	0	1	1	1	1	1	1	1	1	0	0	0	0
8	0	0	0	1	1	1	1	1	1	1	1	1	1	0	0	0
9	0	0	0	1	1	0	0	0	0	0	0	1	1	0	0	0
10	0	0	0	1	1	0	0	0	0	0	0	1	1	0	0	0
11	0	0	1	1	0	0	0	0	0	0	0	0	1	1	0	0
12	0	0	1	1	0	0	0	0	0	0	0	0	1	1	0	0
13	0	0	1	1	0	0	0	0	0	0	0	0	1	1	0	0
14	0	0	0	0	0	0	0	0	0	0	0	0	0	0	0	0
15	0	0	0	0	0	0	0	0	0	0	0	0	0	0	0	0

図1.13　文字の形のディジタル化

写真やビデオ映像などのアナログ画像データからディジタル画像を取得するためには，イメージスキャナや画像取込みボードが用いられる。一般的には，左から右への横方向の走査によってx軸方向

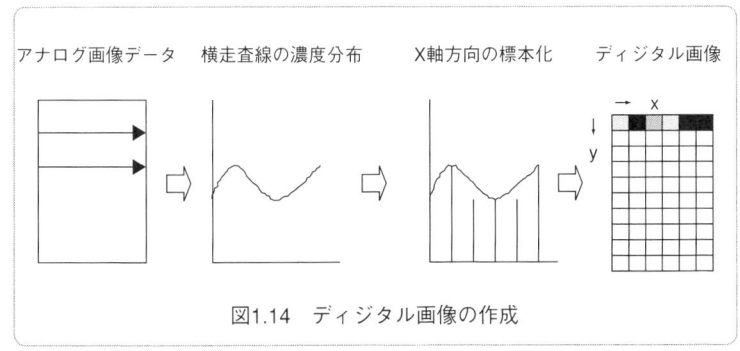

```
アナログ画像データ    横走査線の濃度分布    X軸方向の標本化    ディジタル画像
```

図1.14 ディジタル画像の作成

の標本化が，上から下への縦方向の走査によってy軸方向の標本化が行われる。標本化とは，連続するアナログデータを一定間隔で区切って，不連続な変化にすることである。そして画像取込みボードに内蔵されている**A/Dコンバータ**(アナログ信号をディジタル信号に変換する装置)によって量子化される。

量子化とは，不連続な変化を一定の基準値を設けて不連続な値に丸めることであり，丸められた値が(x, y)座標の整数値としてコンピュータのメモリに取り込まれる。この画像データをディスプレイ上に表示したものがディジタル画像である。

(2)カラーモデル

以上が基本であるが，画像には色という要素があり，コンピュータ上で色を表現するための様々な「カラーモデル」という考え方が取り入れられている。

赤(Red)，緑(Green)，青(Blue)が光の3原色といわれており，人間の視覚は，この3色の光の混合色(**加法混色**)を新たな色として認識することができる。人間は，色の種別や明るさの微妙な差を見分けることができ，識別できる色の数は約750万色ともいわれている。

コンピュータが普及する以前から，色に，色相(基本的な色の種別)，明度(色の明るさ)，彩度(色の鮮やかさ)という3つの属性を設定し，これらの値の組み合わせによって様々な色を表現するという方法がとられてきた。

カラーモデルにはいろいろな方式があるが，最も一般的なものは，「RGBモデル」といわれる加法混色の3原色である赤（Red），緑（Green），青（Blue）の各色に256段階（8ビット）のレベルを持たせた24ビットカラーを使用するものである。つまり，$2^8 \times 2^8 \times 2^8 =$ 16,777,216色の色相，彩度，明度の異なる色を表示できるということである。1画素（pixel）あたり3バイトを必要とするので，データ量は膨大になる。したがって，画像圧縮技術が必要となる。

しかし，コンピュータのハードの性能やアプリケーションソフトの設計によっては，16,777,216色の色を表示できないこともある。そのような場合には，あらかじめ使用可能な色のRGB値を格納した「**CLUT：カラー・ルックアップ・テーブル**」を作成しておく「**インデックスカラー**」という方式を使う。身近な例では「EXCEL」のカラーパレットなどがある。

(3) ファイル形式

ラスタグラフィックスの主なファイル形式を，次にあげる。

i) **BMP**（Bit Map File）

Windowsのグラフィックスアプリケーション，ワープロ，表計算，データベースなど様々なアプリケーションで取扱うことができる。拡張子に「.bmp」「.dib」「.rle」が付く。

ii) **TIFF**（Tag Image File Format）

アプリケーション間でのデータ交換用ファイルフォーマットで，グラフィックスやDTPソフトのアプリケーションで取扱うことができる。拡張子に「.tif」が付く。

iii) **GIF**（Graphics Interchange Format）

高い圧縮データを生成し，カラーテーブルを使い256色のインデックスカラーを使用する。インターネットやアプリケーション全般で広く利用されている。拡張子に「.gif」が付く。

iv) **JPEG**（Joint Photographic Experts Group）

静止画像のデータ圧縮方式の標準化を行うために作られた委員会

の名称でもあり，画像圧縮規格そのものの名称でもある。

人間の目に感じにくい要素を適度に省略する高い圧縮率を持つ。圧縮の過程で一部の情報が失われて元通りに復元できない「**非可逆圧縮**」方式であるが，実用上は問題がない。拡張子に「.jpg」が付く。

● **練習1.5**

Windows付属の外字エディタを使用し，文字をデザインして作成しなさい。

● **練習1.6**

Excelで「ツール」メニューの「オプション」をクリックし，「色」タブをクリックすれば現在のカラーパレットが表示される。任意の色を選んで「変更」をクリックし，「ユーザー設定」タブをクリックすれば，選択した色のR，G，B値がわかる。いろいろな色のRGB値を調べなさい。

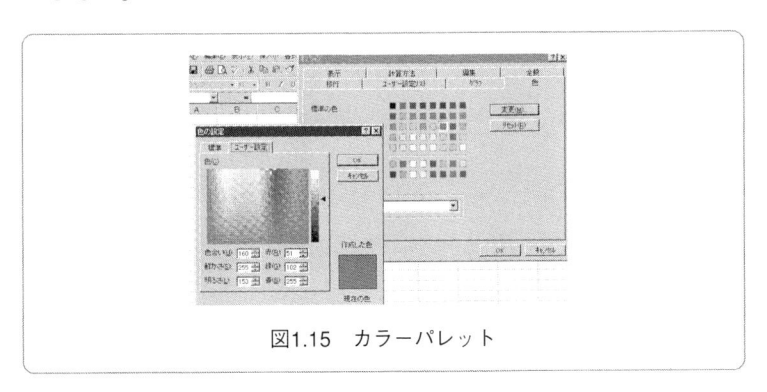

図1.15　カラーパレット

● **練習1.7**

Windows付属の「ペイント」で適当な絵を描き，BMP形式のファイルをつくる。他にどんな形式のファイルで保存できるか調べなさい。

1.4.2　ベクタグラフィックス(vector graphics)

(1)表示方式

画像を図形の集まりとして捉え，直線，**スプライン曲線**(点と点

を結ぶ），**ベジェ曲線**（始点と終点の間にいくつかの制御点を用意し，近似曲線を描く），円，三角，四角などの基本的な図形を使って描き，その"描き方"（座標や使用する図形の指定など）を記述したデータである。

　データの中に出力イメージは存在せず，出力が必要なときにイメージを生成する。データ量が少なく，高速に伝達することができる。

　データを受け取ったシステム側は，「**グラフィックスアクセラレータ**」と呼ばれる回路で，仮想画面に高速に図形を描く。この図形をディスプレイやプリンタに投射することによって，ラスタデータに変換された画像が表示される。

　ウィンドウを構成する部品，アウトラインフォントのデータ，Webページ上の表やフレームを作成するのはベクタグラフィックスである。

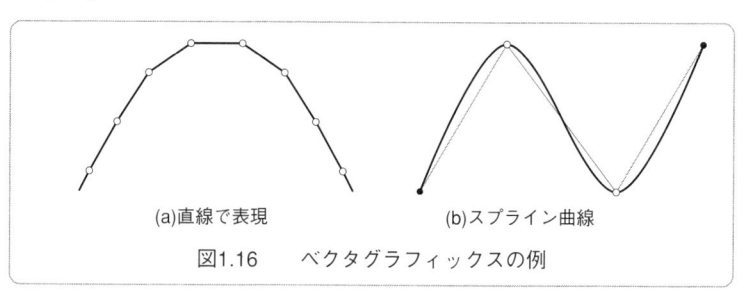

(a)直線で表現　　(b)スプライン曲線

図1.16　ベクタグラフィックスの例

(2)カラーモデル

　カラーモデルの考え方はラスタグラフィックスと同じであるが，ラスタがpixelの色としての情報を持つのに対し，ベクタでは線の色や線で閉じられた領域の色としての情報を持つ。

(3)ファイル形式

　ベクタグラフィックスの主なファイル形式には，次のようなものがある。

i) WMF（Windows Metafile Format）

　Windowsがグラフィックスを描画するためのコマンドをファイル

にしたもので，システムレベルでサポートされているためWindowsの様々なアプリケーションで使用されている。拡張子に「.wmf」が付く。

ii) **PICT**（QuickDraw Picture Format）

MacのOSがグラフィックスを描画するためのコマンドをファイルにしたもので，システムレベルでサポートされているためMacの様々なアプリケーションで使用されている。拡張子に「.pic」が付く。

iii) **PDF**（Portable Document Format）

WWW上で最も使用されているドキュメント用のファイル形式で，「Acrobat」という商品名で知られている。画像を含むページレイアウト機能に優れている。拡張子に「.pdf」が付く。

● 練習1.8

Wordで図を描く機能はベクタグラフィックスである。オートシェイプの「線」や「基本図形」を使用して，絵を描いてみなさい。

1.4.3　3Dグラフィックス

(1)表示方式

ベクタグラフィックスでは，仮想画面に図形を描き，この図形をディスプレイやプリンタに投射することによって，ラスタデータに変換された画像が表示されるようになっていたが，3Dグラフィックスは，ベクタグラフィックスに奥行きの情報がプラスされたものと考えることができる。奥行きの情報は，数学の空間図形の表示と同じくZ軸を使って表す。

3Dグラフィックスでは，まず仮想の3次元空間にXYZの直行座標で表した3Dオブジェクトを描く。この過程を「**モデリング**」という。さらに，それを2次元のスクリーンに投影する形をとる。これが「**レンダリング**」といわれるもので，どのような手順でどのような計算を使って描くかという情報である。

i) モデリング機能
- **基本立体図形**
  直方体，球，円柱，円錐などを組み合わせる。
- **押し出し**(extrude sweep)
  2Dオブジェクトに厚みを付けて立体化する。
- **スィープ**(lathe sweep)
  2Dオブジェクトを回転させて立体化する。
- **スキニング**(skinning)
  複数の断面図形を補完するような，複雑な曲面を持つ3Dオブジェクトを作成する。
- **メタボール**(metaball)
  メタボールという大気のような濃度を持つ球を考え，これを複数個使用して複雑な曲面を作る。
- **ポリゴン**(polygon)
  三角形や四角形など，いくつかの面を組み合わせて立体を作る。

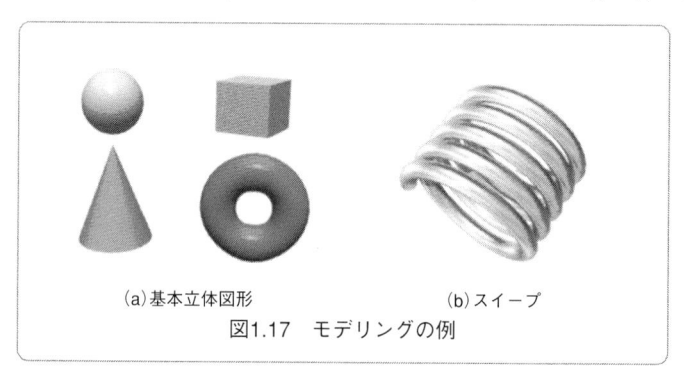

(a)基本立体図形　　　(b)スィープ
図1.17　モデリングの例

ii) レンダリング機能
- **ワイヤーフレーム**
  ポリゴンの頂点間を直線で結んで描画する。
- **隠面処理**
  3Dオブジェクトには手前の面と後方の面がある。手前の面に隠れて見えない面は塗らないように処理する。

- **シェーディング**（shading）

  同じ色でも光の当たり方によって輝度が変わる。これを計算してオブジェクトに明暗を付けて立体感を出す。

- **シャドウィング**（shadowing）

  「**レイ・トレーシング**（ray tracing）」という方法が簡単で効果的である。光線がオブジェクト間で反射し，透過する様子をシミュレートして計算し，各点での明るさと色を決めて立体感を出す。

- **スキャンライン**

  カメラ位置を始点とするスキャンライン面を想定し，この面と3Dオブジェクトとの交点を求め，その線上の各ドットの色と明るさを求める。

- **テクスチャマッピング**

  テクスチャとは石，木，布などの表面の質感のことで，2次元の平面的な画像を立体の面に貼り付けることをテクスチャマッピングという。色のパラメータを画像データを使って与える手法である。

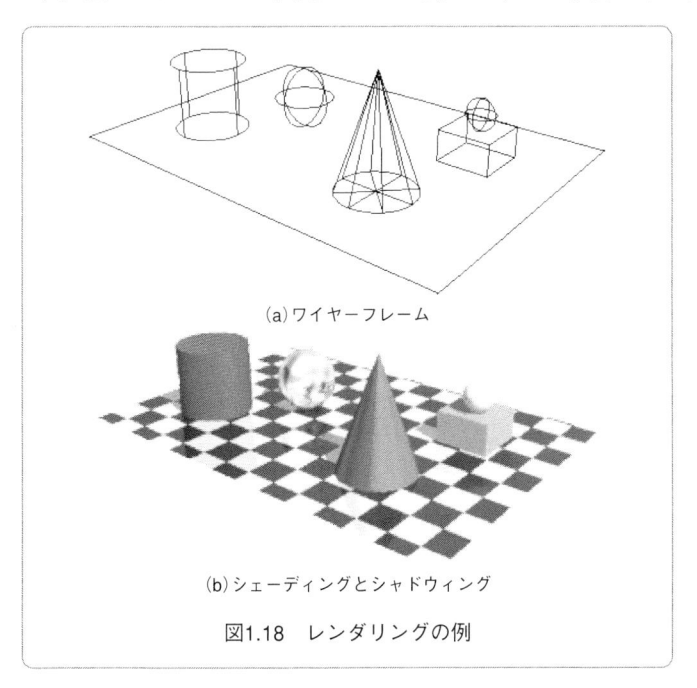

(a) ワイヤーフレーム

(b) シェーディングとシャドウィング

図1.18　レンダリングの例

(2)カラーモデル

カラーモデルの考え方はベクタグラフィックスと同じである。

(3)ファイル形式

3Dグラフィックスの主なファイル形式には次のようなものがある。

i) **VRML**(Virtual Reality Modeling Language)

3Dモデルや3D空間を描画するための様々な情報と，WWWで統合的に利用するためのハイパーリンクの機能を備えている。拡張子に「.wrl」が付く。

ii) **DXF**(Data Exchange Format)

CADソフトで使用されているASCIIのテキスト形式による図面用のファイル形式で，事実上の業界標準。拡張子に「.dxf」が付く。

iii) **3DMF**(3D Meta File)

3D画像を表示するファイル形式で，QuickDraw 3Dに対応したソフトを用いれば，3次元に回転させることができる。拡張子に「.dmf」が付く。

1.4.4 画像の圧縮

画像ファイルは色の情報も持ち，データ量が膨大になるため，データ圧縮技術が欠かせない。以下に主な圧縮手法について述べる。

(1)ランレングス圧縮

「1.4.1 ラスタグラフィックス」では24ビットBMPについてのみ述べたが，BMPファイルには1ビットBMP(白黒2色)，4ビットBMP(16色)，8ビットBMP(256色)がある。このうち，4ビットBMPと8ビットBMPでは，背景色のような連続する同じ色の値を「値」と「繰り返しの回数」に置き換えてデータを圧縮することができる。

(2)LZW圧縮

辞書圧縮といわれる方法。読み込んだデータから新規に出現する単位語を次々に辞書に登録し，同じ単位語が出てくると「辞書のn番

目」という情報を表す「n」に置きかえることで，データを圧縮する方法。画像データの場合の単位語とは，同じ色，または，同じ色の領域と考えることができる。

　GIFは，機種に依存しないカラーテーブルを使用して，256色までのインデックスカラーを表示するためのファイル形式であるが，LZW圧縮手法を用いて圧縮率の高いデータを生成している。

　LZW圧縮はUnisys社の特許であり，GIFはCompuServe社が開発したもので，1994年に両社の間にライセンス契約が結ばれた。これらを使用してソフトウェアを開発するときには，ライセンス契約が必要である。

(3) JPEG圧縮

　画像データから人間が感じにくい要素を省略することで圧縮率を高めるが，圧縮の過程で何らかの情報が失われてしまい完全には元に戻らない「**非可逆圧縮**」という手法である。画像データを8×8画素のブロックに分割し，ブロック毎に**DCT変換**（**離散コサイン変換**）を行う。DCT変換とは，画像データを横方向の細かさと縦方向の細かさに分解し，DCT係数というデータ値の変化の度合を示すデータに変換する方式のことである。量子化テーブルを用意して，その係数で各DCT係数を除算し，重要な要素は高い精度の数値で，重要でない要素は低い精度の数値で表すという量子化を行う。このときの量子化テーブルの係数値によって圧縮率を変えることができる。このように変換されたデータを，「ハフマン圧縮」と「ランレングス圧縮」を用いて圧縮する。1/10に圧縮しても，人間の目にはほとんど変化が感じられず，1/60のような高い圧縮も可能である。

1.5 音のディジタル表現

音とは空気の振動である。人間の耳は，1秒間に数10回〜数万回繰り返される空気の振動を音として感じることができる。この空気の振動は空気の疎密な波として伝わり，時間の経過と共に変化する。

1.5.1 音の三要素

音には「音の高さ」，「音の大きさ」，「音色」という3つの要素がある。

(1)音の高さ

1秒間に繰り返される空気の振動回数(波の数)が多ければ高い音として聞こえ，振動回数が少なければ低い音として聞こえる。この振動回数を「**周波数**」といい，Hzという単位で表す。

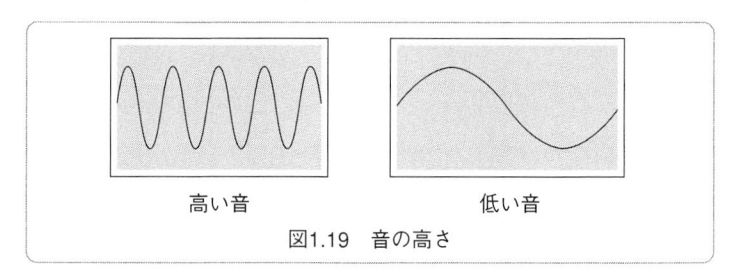

図1.19 音の高さ

(2)音の大きさ(音圧)

振動の幅の1/2を「**振幅**」といい，振幅の大きな波が大きな音，小さな波が小さい音として聞こえる。

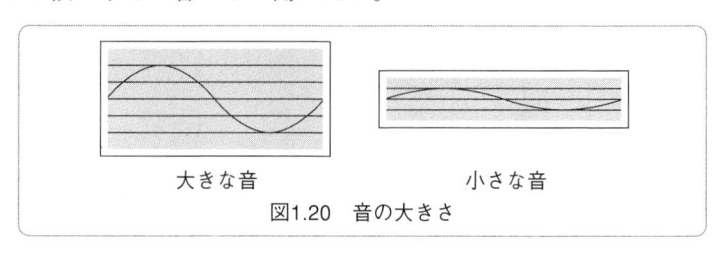

図1.20 音の大きさ

(3)音色

　自然界の音は，図1.19～図1.20のように規則的な正弦波ではなく，様々な波形を持つ。これは，音に含まれる周波数成分が違うからである。人間の耳は，これらの微妙な違いを聞き分けることができ，これを音色として認識する。

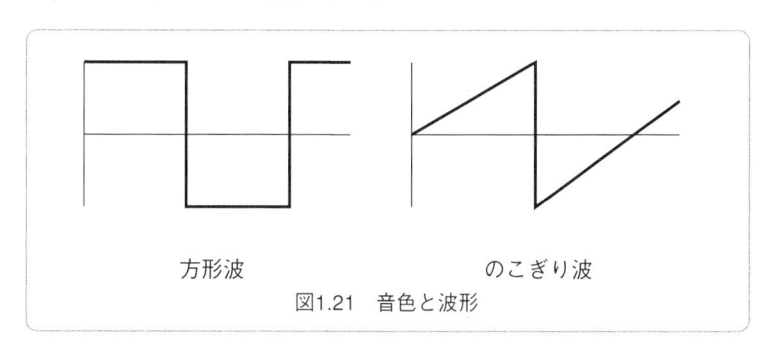

方形波　　　　　　　のこぎり波
図1.21　音色と波形

1.5.2　音のディジタル化

　音は連続した値をとるアナログ量である。これをディジタル情報に変換するためには，「1.1.1　アナログとディジタル」で述べたように「標本化」，「量子化」，「符号化」というステップをとる。

　CDやMDでは1秒間に44,100回の標本化を行い，65536段階（16ビット）の量子化が行われている。そして量子化によって得られた値を「0」と「1」のビット列に「符号化」するが，得られた値をそのまま数値で表す「**PCM方式**」が一般的である（2章　2.1　音のディジタル化　参照）。

　この方法でディジタル化されるファイル形式の代表がWAVEである。

コラム：WAVE(WAVE File)

ディジタル化した音のサンプリングデータに，ファイルそのものの情報(**ヘッダ情報**)を付加し，Windowsでサウンドを扱うために作られたファイル形式である。

時間軸に沿ってディジタル化された音のファイルは，逆の過程をたどることにより，音を再生することができる。したがって，再生時に必要となる下記のような情報を，ヘッダファイルに入れておかなければならない。

- 標本化周波数　---　1秒間のサンプリング数

  $\begin{cases} \text{CD } 44.1\text{kHz} \\ \text{テレビ，FMラジオ} \quad 22.05\text{kHz} \\ \text{AMラジオ } 11.025\text{kHz} \end{cases}$

- 量子化ビット数　---　音圧の解像度

  $\begin{cases} \text{CD } 16\text{ビット} \\ \text{テレビ，FMラジオ} \quad 16\text{ビット，8ビット} \\ \text{AMラジオ } 8\text{ビット} \end{cases}$

- 符号化方法　---　データを正負の符号付きで扱うか否かの情報
- チャンネル数　---　モノラルかステレオかの情報

量子化ビット数は16が標準であるため，データ量は膨大になる。拡張子に，「.wav」が付く。

1.5.3　音源と演奏情報

音そのものをディジタル化するのではなく，音源や演奏情報をディジタル化しようとする試みが国内外の楽器メーカーによって協議され，制定された規格がMIDIである。

MIDI(Musical Instrument Digital Interface)とは，様々な電子楽器の演奏情報をディジタル信号によって送受信するための通信規約をいう。この規約に沿って作成されたデータファイルが**MIDI**ファイル

である。また，MIDIファイルに記録された演奏情報を受け取って実際に音を出すのが**MIDI音源**であるが，最近はソフトウェアによってパソコンに内蔵されている音源をMIDI音源として使用できるようになった。

MIDI版のテープレコーダにあたる装置のことを「**シーケンサ**（sequencer）」と呼び，録音されたテープにあたるものが「MIDIファイル」である。

コラム：SMF(Standard MIDI File)

「MIDIファイル」にはいろいろな形態があるが，標準化されたファイル形式がSMFである。生の音のサンプリングデータではなく，演奏情報のデータであるため，ファイルサイズが非常に小さくなり，したがって転送速度も速くなる。

拡張子に，「.smf」が付く。

一般的には「.mid」が付くものはMIDI形式のファイルである。

1.5.4 音データの圧縮

音データの圧縮には以下のような手法がある。

(1)コンパンディング

人間の耳は，大きな音を聞くときにはノイズを感じにくく，小さな音を聞くときにはノイズを感じやすい。これを利用して，大きな音に対しては低解像度で，小さな音に対しては高解像度で量子化を行い，データを圧縮する。ディジタル電話回線などで使用されている。

(2)ADPCM

標準化された圧縮方法ではなく，開発メーカーによって多少異なる。一般的には，PCM方式で音をディジタル化するときに，直前のデータとの差分を符号化していく方法で，絶対値に比べて変化量が

小さいために，格納のためのビット数を節約することができる。MD，CD-1，携帯電話で使用されている。

(3)MP3

　MPEG(Moving Picture Experts Group)とは動画像のデータ圧縮方式の標準化を行うために作られた委員会の名称でもあり，動画像圧縮規格そのものの名称でもある。制定された順に「MPEG1」，「MPEG2」，「MPEG4」，「MPEG7」がある。この規格は，動画部分の「MPEG/Video」と音声部分の「MPEG/Audio」に分けられている。後者はさらに，圧縮率によって3段階に分けられていて，この中で最も圧縮率の高い「MPEG1/Audio LayerⅢ」が「MP3」と呼ばれている。

　人間の耳は周波数の低域と高域に対しては鈍感なので，この領域の音を劣化させてもわからない。そこで，この領域の情報量を減らしたり，大きな音が鳴っているときの小さな音の情報量を減らしたりして，データを圧縮する。人間の耳には音質の劣化をほとんど感じさせずに，WAVEファイルのデータを1/10以下に圧縮することができる。CDで使用されている。

●練習1.9

　「*.wav」，「*.smf」，「*.mid」でファイル検索を行い，ダブルクリックして，音を聞いてみなさい。

1.6 動画のディジタル表現

1.6.1 動画のディジタル化

連続して動いているアナログ情報である映像をディジタル化するためには，時間の経過を一定間隔で区切って，区切られた瞬間瞬間を静止画像として取り込めばよい。この瞬間の静止画像のことを「**フレーム**」という。1秒あたりのフレーム数を「**フレームレート**」といい，単位はfpsで表す。テレビのフレームレートは30fpsで，コンピュータで動画像を扱う場合もこの値が基本となる。

動画像の構成要素は，「フレームレート」，「解像度」，「色情報」である。

(1)フレームレート

フレームレートが大きいほど動画像の動きは滑らかであるが，人間の視覚の分解能はそれほど高くなく，10fpsくらいでも動いているようには見える。標準規格は，テレビのフレームレートが30fps，映画のフレームレートが24fpsである。アニメーションなどは10fps～30fpsを使い分けているが，再生時のフレームレートを変えることはできないので，撮影時に同じ画像を続けて撮影している。

コンピュータで動画像を扱う場合は，米国テレビジョンシステム委員会NTSC(National Television System Committee)の標準規格である30fpsが採用されている。

(2)解像度

フレームの解像度は，640×480 pixel (**VGA**の解像度といわれている)が標準で，320×240 pixel，160×120 pixelというサイズも使われている。

(3) 色情報

コンピュータの仕様に合わせたRGBカラーがそのまま使われることもあるが，多くは，輝度情報(Y)と2つの色の差分情報(Cb, Cr)を持つ圧縮効率のよいYCbCrというカラーモデルが使われている。そして，通常の場合は，ソフトウェアによる再生時にRGBモデルに変換されている。

1.6.2 インターリーブ構造

個々のフレームはラスタグラフィックスのデータそのものであるが，動画像には普通「音声」データも含まれており，サンプリングされたデータがシーケンシャルに並んでいる。問題は，再生時に動画像の部分と音声の部分を同時にリアルタイムで再生しなければならないことである。

このため，画像データと音声データをタイミングよく取り出せるように交互にファイル内に配置することが必要となる。この配置構造を「インターリーブ構造 (interleave)」という。

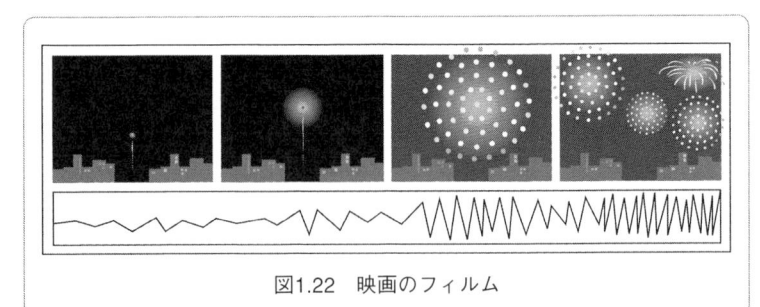

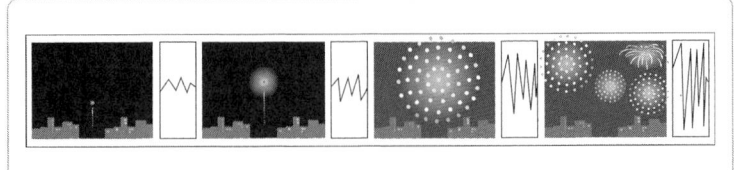

図1.22 映画のフィルム

図1.23 インターリーブ構造のファイル

1.6.3 動画の圧縮

動画像のデータ量は膨大になる。例えば、VGAの解像度でRGBカラーの画像を1秒間に30フレーム送信すると、$640 \times 480 \times 3 \times 30 = 27,648,000$バイト（約27Mバイト）のデータ量になる。1分間のデータで、約1.66Gバイトにもなる。このままではとても実用化はできないので、当然データ圧縮が必要となる。

圧縮には、静止画像圧縮と同じように考えることができる「**フレーム内圧縮**」と、時間的な経過に適用される「**フレーム間圧縮**」の2通りの方法がある。

(1) フレーム内圧縮

i) ベクトル量子化

輝度と2つの色差情報を持つ**YUVカラーモデル**を使用する。フレーム内を4×4画素のブロックに分け、よく似たブロックをまとめてインデックスを作成し、このインデックス番号に変換していくことでデータを圧縮する。

ii) MPEG/Video

JPEGと同じ離散コサイン変換を使った圧縮。

(2) フレーム間圧縮

i) 一般的なフレーム間圧縮

フレーム間の相関を利用した圧縮で、前のフレームとの差分を符号化する。そのフレームのデータだけで完全な画像が復元できるフレームを「**キーフレーム**（key frame）」、**差分情報**を持つフレームを「**デルタフレーム**（delta frame）」といい、キーフレームに対する差分情報を取り込んでいく。

ii) MPEG/Video

16×16ピクセルのマクロブロックの単位でフレーム間圧縮と同じような手法を使うことができる。さらに、前のブロックと後ろのブロックの両方向のブロックの情報を参照して、現在のブロックを構成することができる。

1.6.4 動画のファイル形式

(1) AVI (Audio Video Interleaved Format)

Windows標準のBMPの画像に，WAVEデータを挟み込んだファイル形式。

拡張子に，「.avi」が付く。

(2) ASF (Advanced Streaming Format)

AVIは画像の順序と音データの同期をとって再生することを目的として開発されたファイル形式であったが，ASFはいろいろなタイプの個々のオブジェクトを時間軸に沿ってコントロールできるマルチメディア・プレゼンテーション機能を備えている。

拡張子に，「.asf」が付く。

(3) QuickTimeムービーファイル (QuickTime Movie File)

「QuickTime」は，文字，静止画像，動画像，音などのメディアを扱い，それらのデータの圧縮，メディア間の同期を取って再生する機能，また，それを利用するためのサービスなどを提供するソフトウェアである。QuickTimeで使用するデータファイルを「QuickTimeムービーファイル」と呼んでいる。

拡張子に，「.mov」が付く。

●練習1.10

「*.avi」，「*.asf」，「*.mov」でファイル検索を行い，ダブルクリックして，動画を探しなさい。

第2章 情報のディジタル化と処理

2.1 音のディジタル化処理

2.1.1 音と波

　音楽や人間の発生した音声は，空気を振動させて，その振動が私たちの耳に伝わってくる。マイクロホンは，空気の振動である音の波を電気信号に変換する装置である。

　図2.1は，音の波の基本となる正弦波を示したものである。横軸は時間，縦軸の波形の振幅は電圧であり，空気の振動が大きければ，この波（音波）の振幅も大きく，発生する電圧も高くなってくる。また，音波は，横軸の時間軸上のどのような値に対しても，振幅にあたる電圧値が読み取れる連続的な波である。この連続的な波を**アナログ波**，その電圧値を**アナログ値**という。これに対して，コンピュータで処理できるのは，0と1のディジタル値で，そのために**アナログ値**から**ディジタル値**に変換する必要がある。

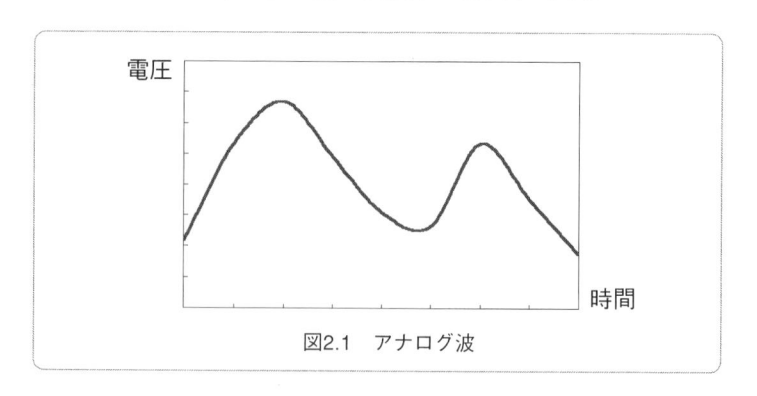

図2.1　アナログ波

　アナログ値（データ）からディジタル値（データ）に変換することを**AD変換**（Analog/Digital Conversion）と呼ぶ。逆に，コンピュータで処理されたディジタル値（データ）をアナログ値（データ）に変換することを**DA変換**（Digital /Analog Conversion）という。次に述べる標

本化，量子化，符号化によって，アナログ値(データ)がディジタル値(データ)に変換される。

アナログからこのようにディジタルにすると，次のような特徴がある。

①文字，画像，音などあらゆる情報が同じように扱える。

画像や音も数値化すれば，「1」と「0」の2進数の数値として，同じように扱うことができる。

②複雑な演算処理や情報通信も容易になる。

ディジタル化するとき細分すればするほど，画像や音も正確に再現できる。また，すべての情報がコンピュータで取り扱うことができるので，情報の通信も容易になる。

③劣化しにくい。

ディジタル信号にすると，ノイズが含まれても，もとの電圧波形が「0」と「1」の数値であるので，修復することが可能である。アナログ信号の場合には，ノイズが含まれると電圧波形はひずんでしまい，ノイズを取り除こうとすれば，もとの信号も失われることもある。

2.1.2　音の標本化と標本化定理

先に述べたように，音はアナログ波形で時間および振幅の両方とも連続量である。この波形を一定の時間間隔の点に対して，図2.2の

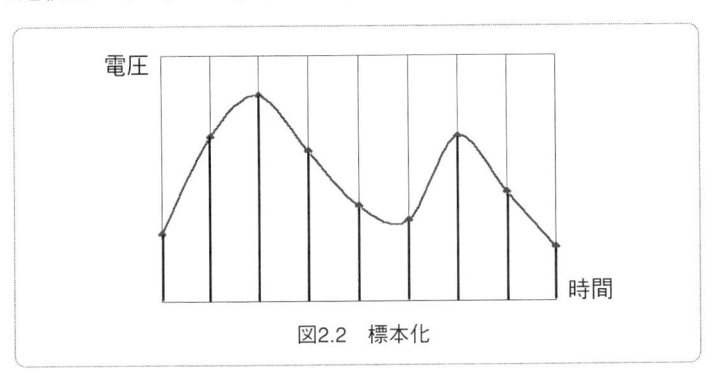

図2.2　標本化

ように区切っていくと，時間軸に対しては，離散的な(切り離された)数値となる。

このように一定間隔で区切ることを**標本化**(sampling)という。時間軸上の縦線と交差した点の値のみを表すことになり，この値を**標本点**という。一定間隔で細かく区切っていくと，サンプリングの周期が短くなり，もとのアナログ波形にどんどん近くなってくる。この1秒あたりの標本化数を**標本化周波数** (sampling rate)，あるいは，**サンプリング周波数**という。

この間隔をどの程度にすればよいのかについては，シャノン(Shannon)の**標本化定理**＊(**サンプリング定理**，sampling theorem)がその目安を示している。

標本化周波数は1秒間に振動する回数であり，例えば，周波数が100Hzであれば，1秒間に100回波形が現れることになる。

今，100Hzの正弦波をディジタル化する場合，標本化周波数が100Hzならば，正弦波の山の部分だけしか標本化されないかもしれない。したがって，谷の部分も標本化するには，少なくとも2倍，すなわち，1秒間に200回はサンプリング(標本化周波数200Hz)しなければならない(図2.3)。

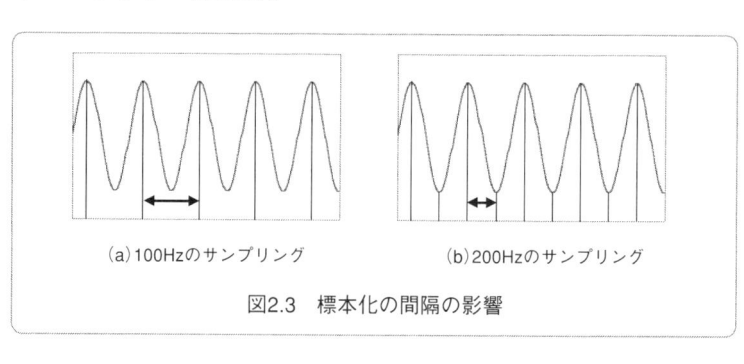

(a) 100Hzのサンプリング　　(b) 200Hzのサンプリング

図2.3　標本化の間隔の影響

＊標本化定理

アナログ信号を最大周波数の2倍以上の周波数でサンプリングする必要がある。すなわち，2倍以下の低い周波数でサンプリングすれば，それ以上の高い周波数を持つ信号を正確に取り込めない。

したがって，音声をディジタル化する場合，標本化定理からは，1秒間に40kHz以上の周波数でサンプリングすればよいことになる。標準的なCDでは，標本化周波数は，44.1kHzである。

2.1.3 音の量子化と符号化

次に，波形の振幅に対しても一定の間隔で区切って，図2.4のように，各標本点に対して振幅の最も近い値の整数値で表現する。これを**量子化**(quantization)という。

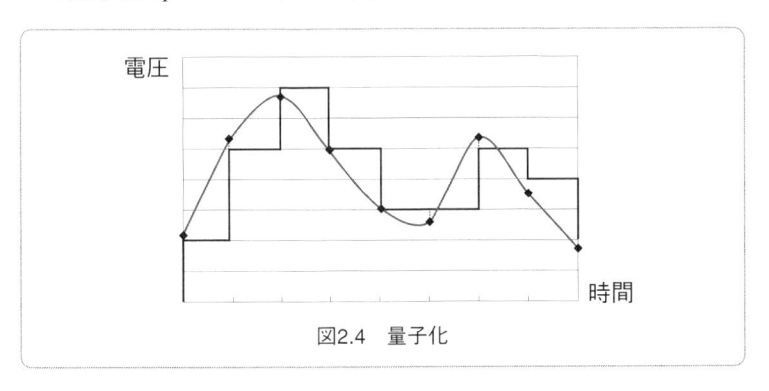

図2.4 量子化

量子化の場合も，標本化の場合と同様に細かく区切っていくと，もとの波形に近くなる。例えば，0から7の8段階の場合を3ビット量子化，0〜15の16段階の場合を4ビット量子化という。量子化のレベルを多くすればするほど，処理しなければならないデータは増えるが誤差が少なくなる。このビット数を量子化ビットという。色の場合は量子化ビット数は8ビット（256段階）で十分であるが，標準的なCDでは，量子化ビット数は16ビット（65536段階）である。量子化を行うとき，もとのアナログ値との間の誤差を量子化誤差，あるいは，量子化雑音と呼ぶ。

標本化と量子化により，時間と振幅に関して離散化され，さらに，波形の代表値を2進数化することを**符号化**(encoding)という。このような音声の情報を2進数の符号に変換する方式は，**PCM**（パ

ルス符号変調,Pulse Code Modulation)という。

このように,音は連続した値をとるアナログデータであり,標本化,量子化,符号化(図2.5)によって,ディジタルデータに変換される。これらをまとめると,次のようなステップとなる。

(1)標本化

連続する時間の変化を一定間隔で区切って不連続な変化にする。得られた値を標本点という。

(2)量子化

連続する電圧の変化を不連続な値に丸めていく。この値を何段階で表すかをビット数で示す。

(3)符号化

量子化によって得られた値を0と1のビット列に符号化する。

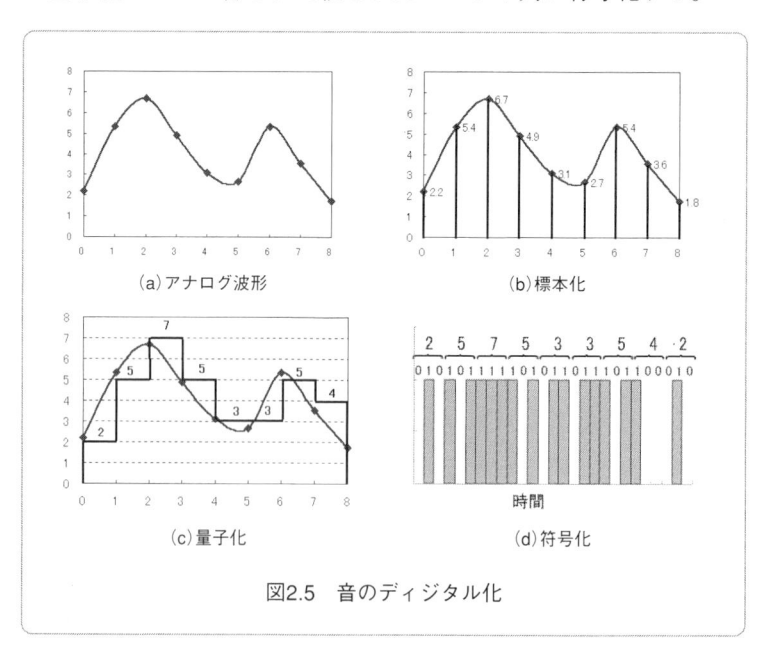

図2.5 音のディジタル化

● 練習2.1

図2.5のアナログ波形を標本化した後，量子化および符号化しなさい。表2.1に，標本点の量子化および符号化の数値を記入しなさい。

表2.1　量子化と符号化

標本点	量子化	符号化
2.2		
5.4		
6.7		
4.9		
3.1		
2.7		
5.4		
3.6		
1.8		

● 練習2.2

Windows付属のサウンドレコーダー(図2.6は正弦波の例)に音や音声を取り込み，エフェクタ(s)で，音量を上げる(下げる)，再生速度を上げる(下げる)などを実行して，波形がどのように変化するかを調べなさい。

(a) 原波形

(b) 再生波形(速度を上げる)

図2.6　サウンドレコーダー

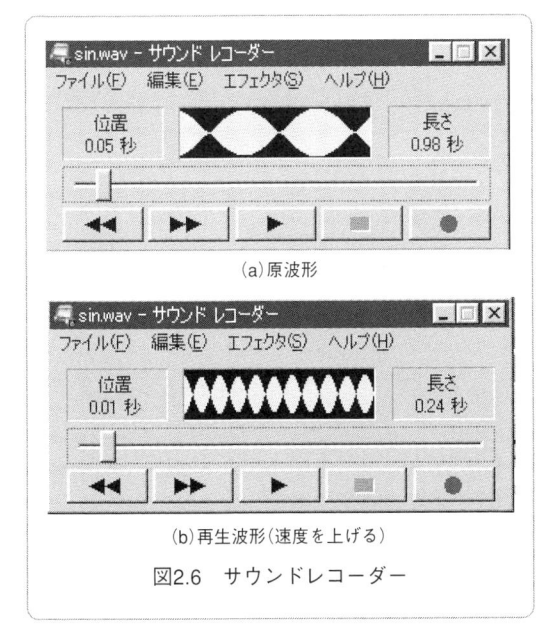

2.2 画像のディジタル化処理

2.2.1 画像の標本化と標本化定理

　画像のディジタル化の考え方は，基本的には音の場合と同じである。画像データの表現形式であるラスタ形式は，描画領域を細かな格子状の領域で区切り，それらの領域を濃淡で表現している。図2.7(a)は，**アナログ画像**である。このアナログ画像に対して，図2.7(b)の**ディジタル画像**は，画像を平面上で縦横に細かく分割する位置の標本化を行う。離散化された標本点は，画像を構成する最小単位の点であり，**画素**(あるいは，**ピクセル**，**ドット**)という。なお，アナログ画像を分割する方法は，通常，正方形格子が用いられる。

　画像の精度は，画素の大きさと**画素数**で決まり，これを表現するのが**解像度**である。画像を細かく分割する(解像度をあげる)ことによって，きめの細かい滑らかな画像が得られる。

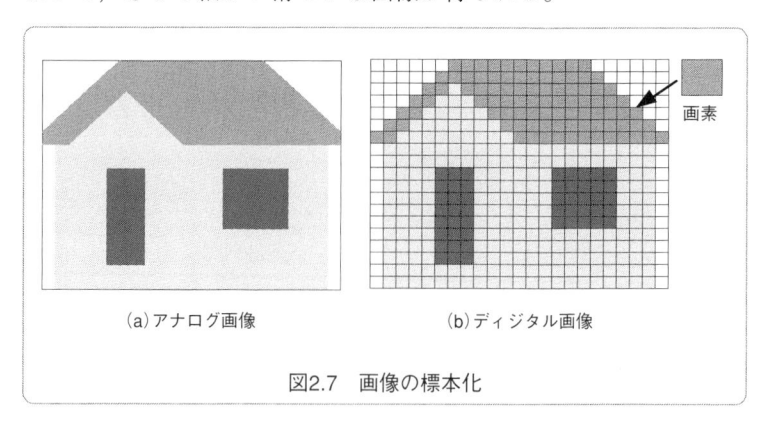

(a)アナログ画像　　(b)ディジタル画像

図2.7　画像の標本化

　画像の標本化についても，音声と同じで**標本化定理**＊の制約を受ける。標本化定理に反して，標本化周波数よりも高い周波数成分が含まれると，元の波形に含まれていないような低い周波数成分の波

形が現れることがある。これを**エイリアシング**(aliasing)と呼ぶ。エイリアシングを防ぐためには，標本化間隔を狭くするなどの方法が必要である。

コラム：画素数と解像度

　ディスプレイの解像度は縦と横の総画素数で表現される。画素数はVGAと呼ばれる横640×縦480画素が基本であるが，SVGA(800×600画素)やXGA(1024×768画素)などが利用されている。ディジタルカメラの場合も，同様に総画素数が使われる。ちなみに，30万画素は，VGA相当である。プリンタやスキャナの解像度は，1インチ(約2.5cm)の中に入る画素数で表現され，dpi(dot per inch)という単位が用いられる。

●**練習2.3**

図2.8は，次の計算式(p.184参考文献9参照)
$$f(x,y) = 127 + 127\sin\left\{2\pi \times \frac{1}{256} \times ((x)^2 + (y)^2)\right\}$$
で描いた図形模様である。

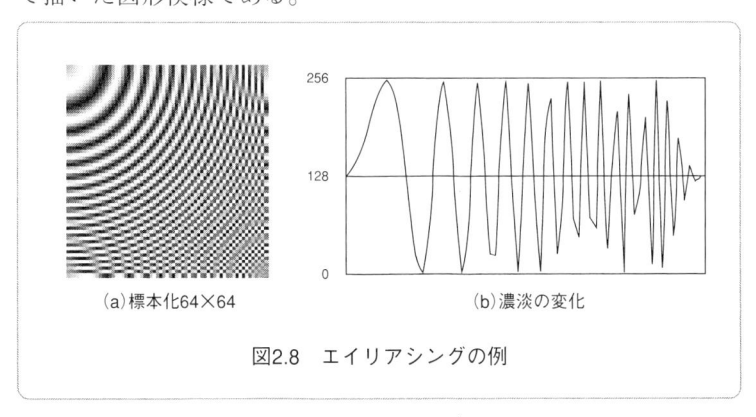

(a) 標本化64×64　　(b) 濃淡の変化

図2.8　エイリアシングの例

＊標本化定理

　原画像に明暗の周期がある場合，周期の2倍以下の周波数でサンプリングする必要がある。

図2.8（a）の標本化64×64では左上角以外の3つの角には，計算では生じないエイリアシングで生じたリング模様がある。図2.8（b）は，画像の1行目成分の濃淡を図にしたものである。図2.8のようなエイリアシングの例を作成し，確認しなさい。

2.2.2　カラー画像の量子化

画像の標本化の後，一つ一つの画素に対して，色や濃淡を数値で表現して量子化を行う（図2.9）。

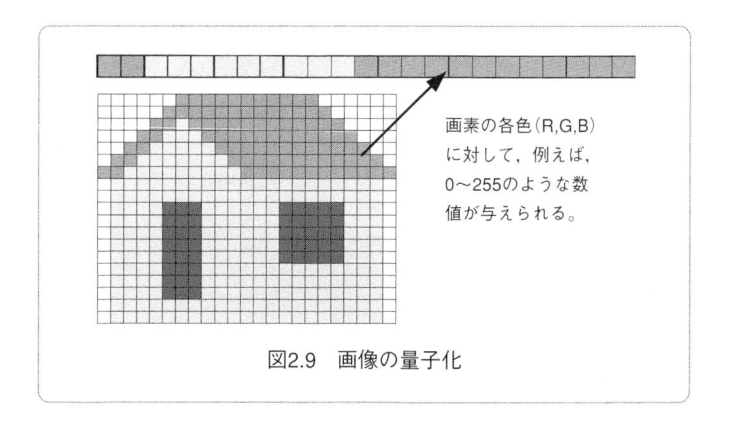

画素の各色（R,G,B）に対して，例えば，0〜255のような数値が与えられる。

図2.9　画像の量子化

量子化の場合も標本化と同様に，各画素の濃淡の強さによって，濃淡を細かな段階で表現すればするほど（量子化の段階を多くすること）によって，きめ細かい滑らかな画像が得られる。量子化された濃淡の強さは，**濃度値**と呼ばれ，量子化の細かさを表す数値は**量子化数，階調数**などと呼ばれる。

カラー画像の場合には，各画素の色成分ごとの色の強さによって表現される。コンピュータの場合には，**光の3原色**である　赤（Red），緑（Green），青（Blue）に対して，**フルカラー**（24ビットカラーの場合）は，各色に対して量子化ビット数は8ビット，画素では24ビットが使われる（図2.10）。

フルカラーの場合には，各色に対して，256段階の階調となり，
$$2^8 \times 2^8 \times 2^8 = 256 \times 256 \times 256$$
$$= 16{,}777{,}216 色$$
の表現が可能となる。

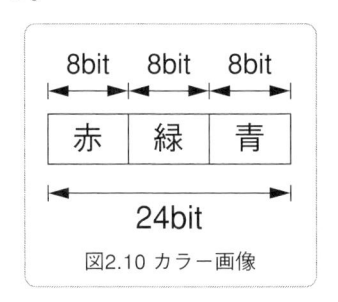

```
 8bit  8bit  8bit
| 赤 | 緑 | 青 |
      24bit
図2.10 カラー画像
```

フルカラーと呼ばれているのは，人間に識別できる色数としては十分であることからで，写真のように色数が多く，微妙な色を表現する場合に用いられる。256色の場合は，実際によく使う色を256枚のパレットに登録したものである。

一方，白黒画像の場合には，各画素の濃度値によって表現し，量子化数8ビットのときは，256階調である。量子化数2ビットのときは，白と黒の2値化画像となる。

●練習2.4

ペイントで適当な図形を描き，24ビットカラー，256色カラー，白黒など保存形式を変えて保存して，ファイルサイズを調べなさい。

2.2.3 表計算ソフトを利用した学習ツール

本章で利用する教材は，画像のディジタル化の原理を学習させるためのツールで開発した学習教材である。これは，表計算ソフトExcelのセルをビットマップ形式の画像の画素に対応させ，セルの数値データを画素の色や濃淡の数値に対応させたものである。

例えば，図2.11は，Excel画面のハードコピー(BMP形式ファイル)をCSV形式ファイルに変換して，画素の濃淡の数値(0〜255)をセル(256×256)に貼り付け，セルを縮小して表示したものである。すなわち，セルの数値データが濃淡に対応しており，その数値によって画像に濃淡がつけられている。学習者はセル上の数値を確認でき，セル上で数値を変更することにより，画像の濃淡の変化を確認することもできる。

なお，カラー画像は，セルのデフォルトの色を利用している。Excelのセルの色は多くの色が用意されており，変更も可能である。しかし，セルで同時に利用できる最大色数は56色，すなわち，セル色のパレット数は56枚である。また，白黒画像の場合は，パレットを最大32枚利用しているので量子化ビット数は，5ビット32階調である。

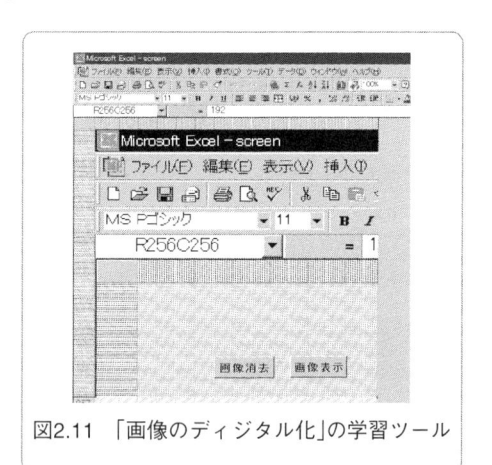

図2.11 「画像のディジタル化」の学習ツール

コラム：Excelのパレット

Excelのパレットは56枚(セルの色は，「ツール」-「オプション」-「色」-「色の設定」で確認できる)であり，図2.12は，デフォルトの色をセルに貼り付け，「RGBの記入」で，すべてのパレットのRGB値を表示させたものである。

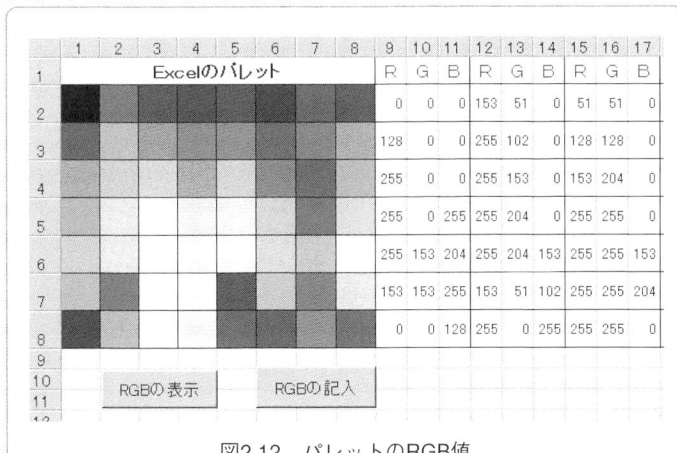

図2.12　パレットのRGB値

●練習2.5

RGB値を与えてセルに色を表示する教材を作成して，Excelのセル色がどのようになっているかを調べなさい（図2.13）。

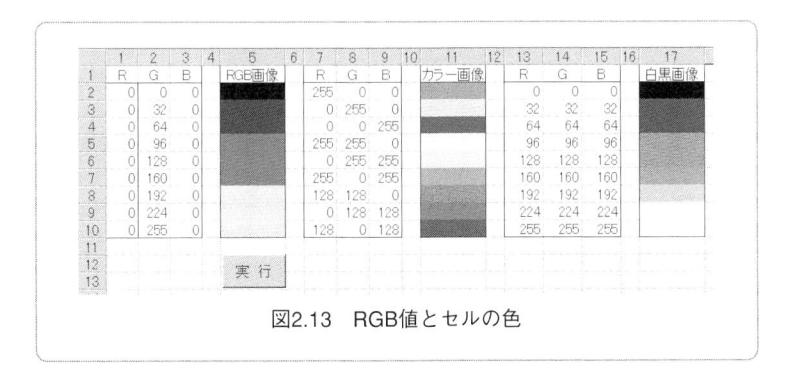

図2.13　RGB値とセルの色

2.2.4 カラー画像の分解・合成の学習教材

カラー画像（画像サイズ32×32）の分解および合成の教材例を図2.14に示す。この教材では，上段左にカラー画像，右にR画像，下段左にG画像，右にB画像が配置されている。

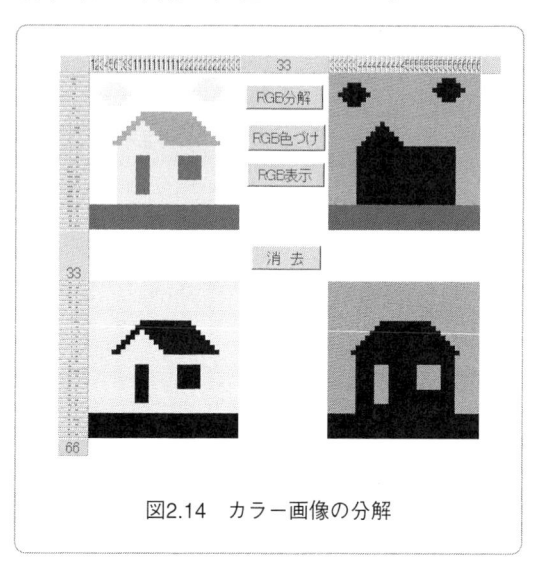

図2.14　カラー画像の分解

また，マクロ言語（VBA：Visual BASIC For Applications）で作成されたプログラムに対応する4つのボタンが配置されており，「RGB色づけ」で各RGB画像の色づけ，「RGB分解」でカラー画像からRGB画像の作成，「RGB表示」で各RGB画像の数値（色の強さ）表示ができる。

逆に，カラー画像の合成では，「RGB合成」でRGB画像からカラー画像の作成ができる。図2.14の原画像は，Excelのデフォルトの色を利用して，セル（32×32）に色塗りをすることにより絵を描き，その絵を原画像のセルに貼り付けたものである。

● 練習2.6

32×32のセルに，パレットにある色を用いて簡単な文字(例えば，半角英文字なら8文字)を描き，RGB画像への分解(図2.15)を行いなさい。

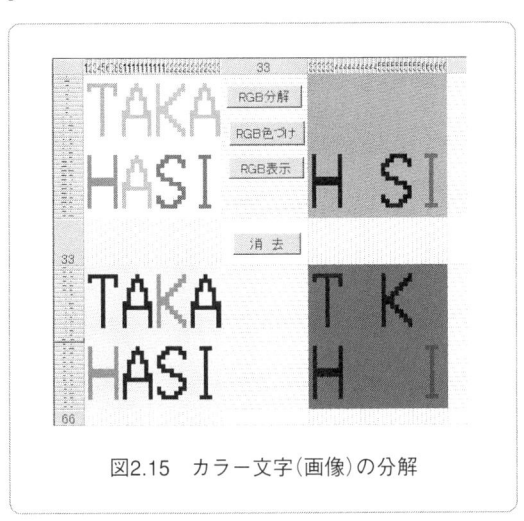

図2.15　カラー文字(画像)の分解

2.2.5　標本化と量子化の学習教材

図2.16のような画素サイズ32×32の白黒の画像データを作成して，標本化および量子化の例(図2.17)を学習ツールで確認する。

16	16	⋯	16	16	⋯	16	16
16	32	⋯	32	32	⋯	32	16
⋯	⋯	⋯	⋯	⋯	⋯	⋯	⋯
⋯	⋯	⋯	255	255	⋯	⋯	⋯
⋯	⋯	⋯	255	255	⋯	⋯	⋯
⋯	⋯	⋯	⋯	⋯	⋯	⋯	⋯
16	32	⋯	32	32	⋯	32	16
16	16	⋯	16	16	⋯	16	16

(a) 標本化データ

8	8	8	8	8	8	8	8
8	16	16	16	16	16	16	16
8	16	⋯	⋯	⋯	⋯	⋯	⋯
8	16	⋯	⋯	⋯	⋯	⋯	⋯
8	16	⋯	⋯	232	232	232	232
8	16	⋯	⋯	232	240	240	240
8	16	⋯	⋯	232	240	248	248
8	16	⋯	⋯	232	240	248	255

(b) 量子化データ

図2.16　画像のサンプルデータ

図2.17　画像の標本化と量子化

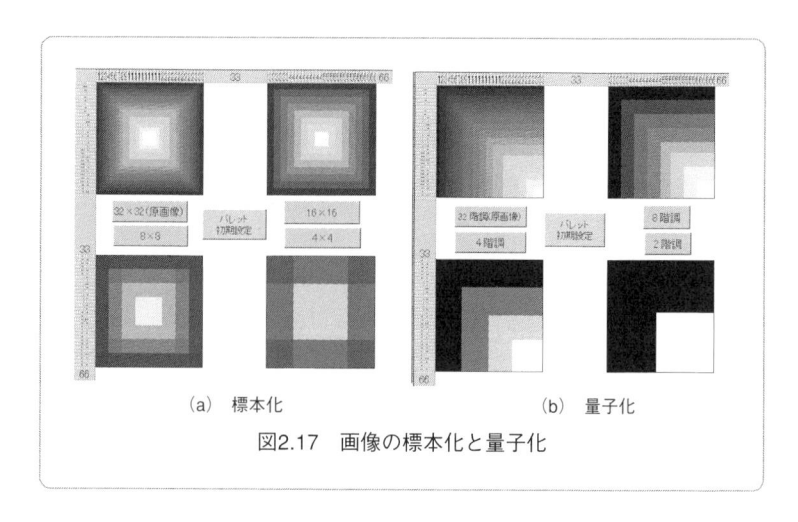

　図2.17(a)には，5つのボタンが配置されており，「パレット初期設定」ボタンで，白黒32階調パレットの初期設定が行われる。「32×32」のボタンを押すと，サンプル画像の設定が行われ，他の3つのサイズボタン(「16×16」，「8×8」，「4×4」)で，それぞれの標本化が行われる。図2.17(b)は，画像の量子化を説明するもので，同様に，5つのボタンが配置されており，「パレット初期設定」で白黒2階調〜32階調の初期設定が行われ，「32階調」ボタンを押すと，サンプル画像の設定が行われる。他の3つのボタン(「8階調」，「4階調」，「2階調」)で，それぞれ，3ビット量子化，2ビット量子化，1ビット量子化が行われる。

● 練習2.7

　画素数32×32のアイコンの画像データ(フリーウエアを利用)を用いて，標本化と量子化の教材を作成しなさい。なお，BMP形式の画像から，CSV形式のファイルデータを得る方法については，フリーソフトなどを利用しなさい(図2.18)。

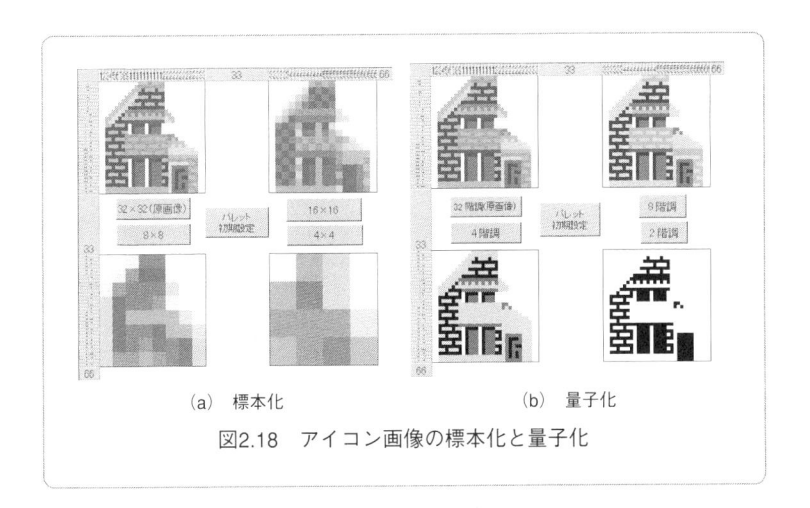

図2.18 アイコン画像の標本化と量子化

●練習2.8

画素数64×64のカラー画像データ(図2.19)をCSV形式のファイルデータおよび白黒画像に変換して，標本化および量子化した例(図2.20)についても確認しなさい。

図2.19 カラー原画

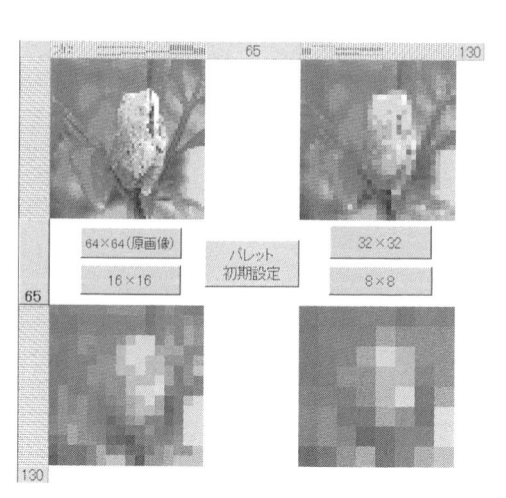

(a) 標本化

(b) 量子化

図2.20　画像の標本化と量子化(2)

2.3 ディジタル画像の処理

2.3.1 ヒストグラム

濃度値の分布がどのようになっているのかを示すために，横軸に濃度値，縦軸に各濃度値に対する頻度をとり，グラフ化(図2.21)したものを**濃度値ヒストグラム**(histgram)という。

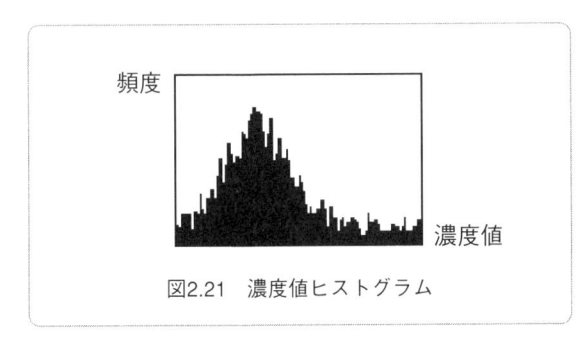

図2.21 濃度値ヒストグラム

2.3.2 濃度変換

入力画像の濃淡の度合いを変える，すなわち，**濃度の変換**を行うことによって，画像を明るくしたり，コントラストを強めたりすることができる。

濃度反転は，最大濃度値(255)から画素の濃度値を引くことで実現できる。例えば，濃度値100の画素は，255－100で155になる。このことにより，ポジ画像(通常の画像)は白黒を反転したネガ画像に，ネガ画像はポジ画像に変換することができる。

明度(明るさ)は，画像の濃度値に明るさの数値を加減することで，明度を変えることができる。例えば，濃度値に50足すことにより，濃度値0(黒)は，50の濃度値になり明るくなる。濃度値は，255を超えた場合は，最大濃度値255を用いる。

コントラストを強めることは，画像の明るい部分をより明るく，暗い部分をより暗くすることであり，画像の濃淡がはっきりする。例えば，図2.22に示すような線形の変換を用いることにより，コントラストを強めることができる。コントラストを強める場合，原画像と変換後の濃度値の関係式は，以下のとおりである。

$$\left.\begin{array}{ll} 0 \leq x < a のとき & y = 0 \\[6pt] a \leq x \leq b のとき & y = G_{max} \times \dfrac{x-a}{b-a} \\[6pt] b < x \leq G_{max} のとき & y = G_{max} \end{array}\right\} \quad (2.1)$$

ただし，G_{max} は，最大濃度値

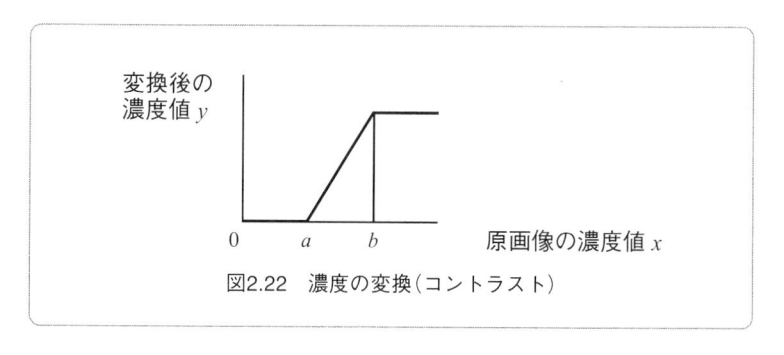

図2.22 濃度の変換（コントラスト）

2.3.3 濃度変換の学習教材

図2.16(a)の白黒の画像を用いて，画像の濃度反転，明度，コントラストの変更を行う図（図2.23）を学習ツールで作成する。なお，明度やコントラストの入力する数値は，−100〜100の割合を入力する。

白黒画像は，32×32で，濃淡32階調である。図2.23には，左側に5つのボタンが配置されており，「パレット初期設定」ボタンは，32

階調パレットの初期設定，「濃度反転」，「明度」，「コントラスト」で，それぞれの変換が行われる。

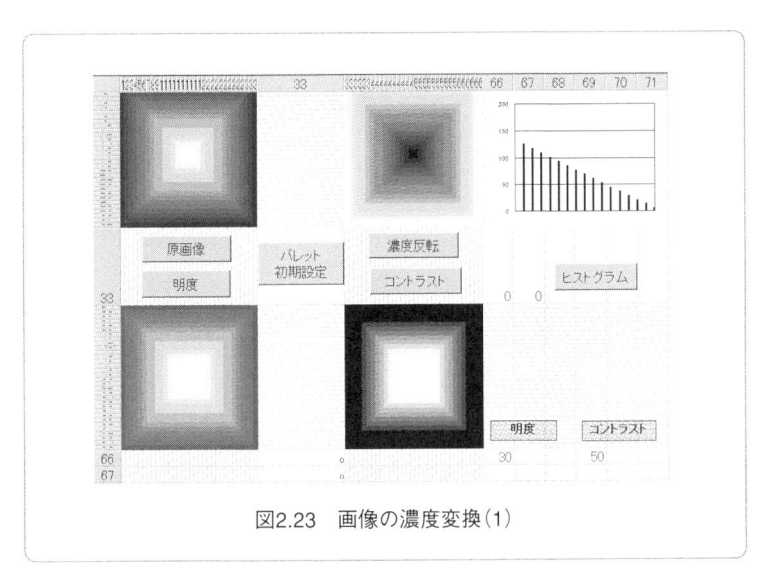

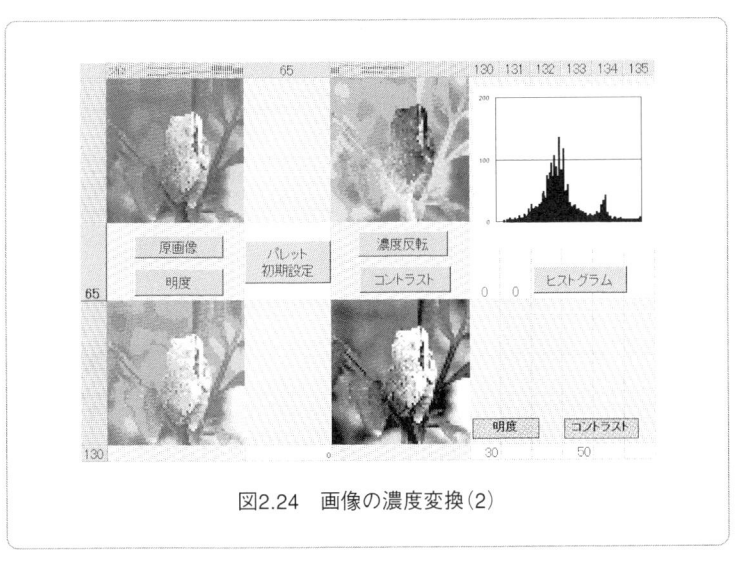

図2.23 画像の濃度変換(1)

図2.24 画像の濃度変換(2)

「明度」,「コントラスト」では,セルに数値を入力するようにしている。明度変換の場合, 入力数値が100の場合は濃度値を127.5増やし,−100のときは,濃度値を127.5減らす。

また,「ヒストグラム」ボタンの左の入力数値は,00が原画像,01が濃度反転,10が明度の変更,11がコントラストの変更である。図2.18の画像に対する濃度変換の例を図2.24に,それぞれのヒストグラムを図2.25に示す。なお,0,あるいは,255で縦軸の値が超えている場合があるが,比較のため座標軸の値を同じにしている。

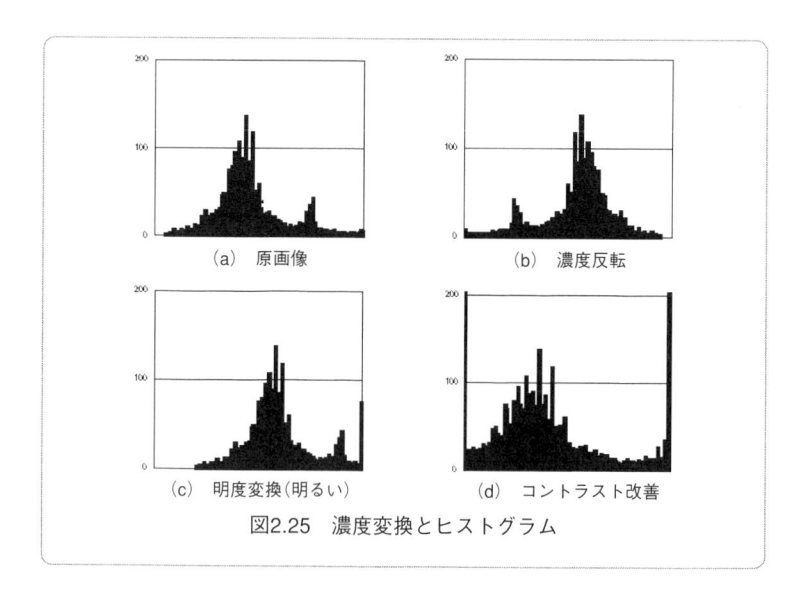

図2.25 濃度変換とヒストグラム

●練習2.9

写真(身分証明書程度のサイズ)を利用して,濃度反転,明度変換,コントラスト改善の教材を作成しなさい。

手順は,以下のように行う。

1. 写真をスキャナで読み込む。
2. 画像ソフト(例えば,PhotoShop)で白黒のBMP形式ファイル(画像サイズ64×64)に変換する。

3. フリーソフトで，BMP形式の画像をCSV形式のファイルに変換し，数値データをExcelのセルに貼り付ける。

図2.26　画像の濃度変換(3)

2.3.4　フィルタリング

　画像に対する**フィルタリング**は，注目する画素とその近傍の画素に対して演算を施して，画像に対する雑音の除去や**エッジ**(縁，境界)に対する強調など画像解析の前処理として行う操作である。代表的なフィルタとして，画像の雑音の除去や平滑化のための**平滑化フィルタ**や画像のエッジや線の強調を行う**微分フィルタ**などがある。

　今，注目している画素(i, j)の濃度値を$f(i, j)$，近傍9個(3×3)の濃度値を表2.2のとおりとする。また，注目している画素に施す係数(フィルタ行列)を表2.3とすると，新しい画素の濃度値$g(i, j)$は，式(2.2)のようになる。

表2.2　原画像の濃度値

$f(i-1,j-1)$	$f(i,j-1)$	$f(i+1,j-1)$
$f(i-1,j)$	$f(i,j)$	$f(i+1,j)$
$f(i-1,j+1)$	$f(i,j+1)$	$f(i+1,j+1)$

表2.3　フィルタ行列

$a(-1,-1)$	$a(0,-1)$	$a(1,-1)$
$a(-1,0)$	$a(0,0)$	$a(1,0)$
$a(-1,1)$	$a(0,1)$	$a(1,1)$

$$g(i,j) = \sum_{l=-1}^{1} \sum_{m=-1}^{1} a(l,m) \times f(i+l, j+m) \qquad (2.2)$$

(1)平滑化フィルタ

画像に含まれている雑音(例えば，白の背景に黒の点があるような雑音)を取り除くために平滑化フィルタが用いられる。**平均値フィルタ**は，注目画素の近傍の濃度の平均値を計算する。

平均値フィルタ(1)

$$g(i,j) = \left(\sum_{l=-1}^{1} \sum_{m=-1}^{1} f(i+l, j+m) \right) \Big/ 9 \qquad (2.3)$$

$$a(i,j) = \frac{1}{9}\begin{pmatrix} 1 & 1 & 1 \\ 1 & 1 & 1 \\ 1 & 1 & 1 \end{pmatrix} \qquad (2.4)$$

平均値フィルタ(2)

$$g(i,j) = \left(\sum_{l=-1}^{1} \sum_{m=-1}^{1} f(i+l,j+m) + f(i,j) \right) / 10 \qquad (2.5)$$

$$a(i,j) = \frac{1}{10}\begin{pmatrix} 1 & 1 & 1 \\ 1 & 2 & 1 \\ 1 & 1 & 1 \end{pmatrix} \qquad (2.6)$$

　平均値フィルタでは，ぼかしの効果がでてくるが，平均値フィルタ(2)では，中心画素の濃度の重みを増すことによって，平均値フィルタ(1)よりも，画像がぼけてしまうことを防ごうとするものである。

　また，**メディアンフィルタ**では，注目領域の中央値(メディアン)，すなわち，3×3の9個画素のうち5番目の濃度を新しい画素の濃度値とする。

(2) 微分フィルタ

　画像の領域と領域の間が急激な変化をしていれば，その差分(微分)をとれば，その境界であるエッジが検出される。**微分フィルタ**は，エッジ検出や特徴抽出に利用され，表2.4の微分フィルタ(1)では，画像中のエッジが強調される。微分フィルタのi, j方向の1次微分を(2.7)，(2.8)式とすると，1次微分の大きさは，(2.9)，(2.10)式が用いられる。なお，1次微分の際に，注目画素の重みを大きくした微分フィルタ(2)(表2.5)もある。

微分フィルタ(1)

水平(x)方向成分

$$g_x(i,j) = -f(i-1,j-1) + f(i+1,j-1) - f(i-1,j)$$
$$+ f(i+1,j) - f(i-1,j+1) + f(i+1,j+1) \quad (2.7)$$

垂直(y)方向成分

$$g_y(i,j) = -f(i-1,j-1) - f(i,j-1) - f(i+1,j-1)$$
$$+ f(i-1,j+1) + f(i,j+1) + f(i+1,j+1) \quad (2.8)$$

$$g(i,j) = (g_x(i,j)^2 + g_y(i,j)^2)^{\frac{1}{2}} \quad (2.9)$$

あるいは,

$$g(i,j) = |g_x(i,j)| + |g_y(i,j)| \quad (2.10)$$

表2.4 微分フィルタ(1)

-1	0	1
-1	0	1
-1	0	1

(a) 水平方向成分の1次微分

-1	-1	-1
0	0	0
1	1	1

(b) 垂直方向成分の1次微分

表2.5 微分フィルタ(2)

-1	0	1
-2	0	2
-1	0	1

(a) 水平方向成分の1次微分

-1	-2	-1
0	0	0
1	2	1

(b) 垂直方向成分の1次微分

(3) ラプラシアンフィルタ

2次微分(ラプラシアン)をとることによって,濃度変化のある輪郭線が強調される。**ラプラシアンフィルタ**(表2.6)では,(2.11)式が用いられ,ぼけた画像をシャープにする**鮮鋭化**(sharpening)する

フィルタとして利用される。原画像からラプラシアンフィルタを引くことにより，(2.12)式の鮮鋭化フィルタ(表2.7)が得られる。

ラプラシアンフィルタ

$$g(i,j) = f(i,j-1) + f(i-1,j) \\ + f(i+1,j) + f(i,j+1) - 4 \times f(i,j) \quad (2.11)$$

鮮鋭化フィルタ

$$g(i,j) = 5 \times f(i,j) - f(i,j-1) - f(i-1,j) \\ - f(i+1,j) - f(i,j+1) \quad (2.12)$$

表2.6 ラプラシアンフィルタ

0	1	0
1	−4	1
0	1	0

表2.7 鮮鋭化フィルタ

0	−1	0
−1	5	−1
0	−1	0

2.3.5　フィルタの学習教材

　図2.16(a)の白黒画像を用いて，平均値フィルタ，メディアンフィルタ，微分フィルタ，ラプラシアンフィルタによる画像の変換の図を学習ツールで作成する。なお，フィルタ行列は図2.27とする。図2.27で「Σ」は，行列要素の和である。

微分フィルタ				平均値			
−1	0	1	Σ	1	1	1	Σ
−1	0	1	0	1	1	1	9
−1	0	1		1	1	1	
				ラプラシアン			
−1	−1	−1	Σ	0	1	0	Σ
0	0	0	0	1	−4	1	0
1	1	1		0	1	0	

図2.27　セルへの入力値

白黒画像は，画像サイズ32×32で，濃淡は32階調である。図2.28には，左側に6つのボタンが配置されており，「パレット初期設定」ボタンは，32階調のパレットの初期設定，「平均値」，「メディアン」，「微分フィルタ」，「ラプラシアン」で，それぞれのフィルタによる画像変換が行われる。

　「平均値」，「微分フィルタ」，「ラプラシアン」は，例えば，図2.27のようなフィルタ行列の数値をセル入力するようにしている。また，微分フィルタやラプラシアンフィルタでは，濃度値を反転できるように，チェックボタンがついている。図2.28の微分フィルタでは，濃度値を反転している。

　また，図2.19の画像に対するフィルタによる画像変換の例を図2.29に，それぞれのヒストグラムを図2.30に示す。なお，原画像のヒストグラムは，図2.25(a)に示している。

　図2.29の微分フィルタとラプラシアンフィルタでは，濃度値を反転している。原画像の濃淡は，あまりはっきりしていなかったが，ラプラシアンフィルタでは輪郭が強調されている。

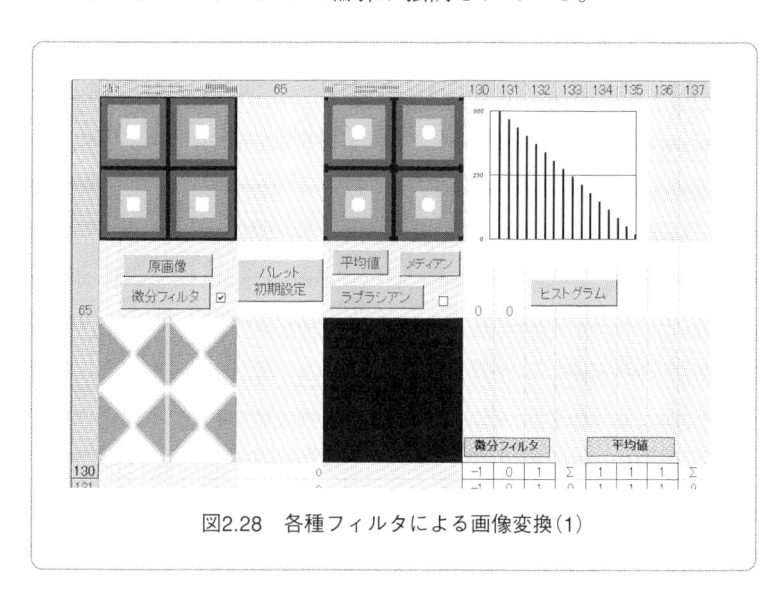

図2.28　各種フィルタによる画像変換(1)

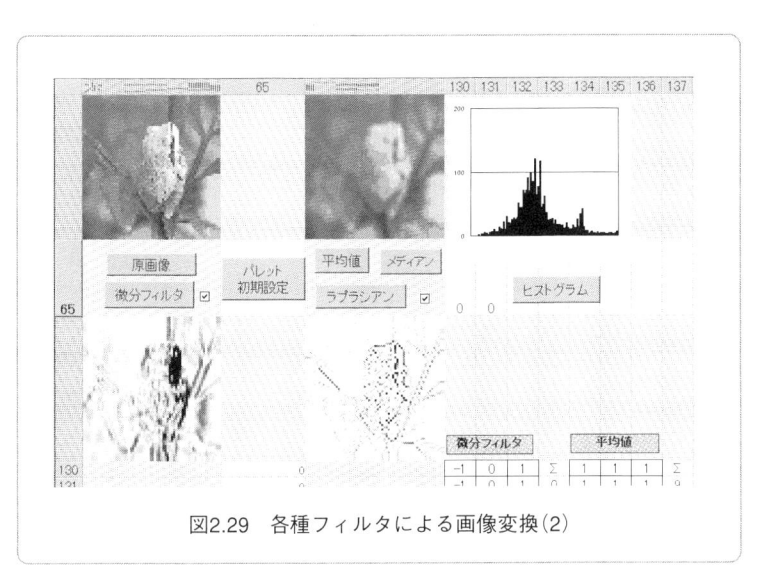

図2.29　各種フィルタによる画像変換(2)

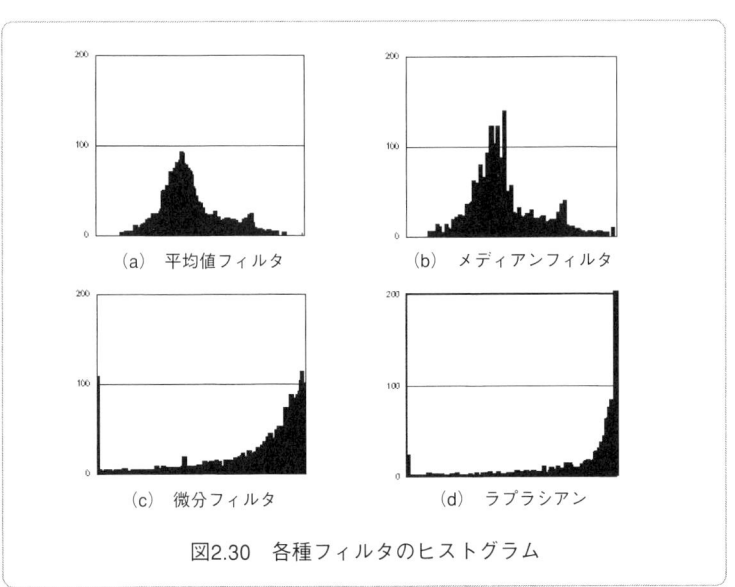

(a) 平均値フィルタ
(b) メディアンフィルタ
(c) 微分フィルタ
(d) ラプラシアン

図2.30　各種フィルタのヒストグラム

●練習2.10

図2.31の8×8の画素に対して，平均値フィルタ(1)を適用しなさい。また，この64画素を縦横4つ並べると，図2.32のようになることを確かめなさい。

0	0	0	0	0	0	0	0
0	0	0	0	0	0	0	0
0	0	255	255	0	0	0	0
0	0	255	255	0	0	0	0
0	0	0	0	255	255	0	0
0	0	0	0	255	255	0	0
0	0	0	0	0	0	0	0
0	0	0	0	0	0	0	0

図2.31　サンプルデータ

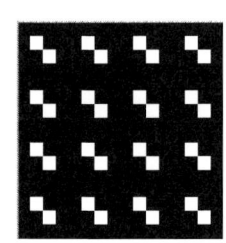

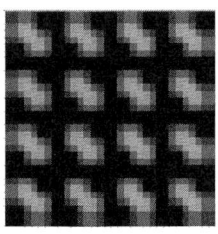

(a)　原画像　　　　(b)　平均値フィルタ
図2.32　平均値フィルタによる画像変換

●練習2.11

写真(身分証明書程度のサイズ)を利用して，各種フィルタによる画像変換の教材を作成しなさい。手順は，練習2.7と同じである。なお，微分フィルタやラプラシアンフィルタの濃度値は，反転して表示しなさい。

2.4 動画のしくみとアニメーション

2.4.1 動画のしくみ

　コンピュータにおける動画像は，1枚1枚の静止画像を連続的に表示したものである。一連の画像データを一定のスピードで表示していくと，**アニメーション**のような動きを表現できる。この1枚1枚の連続した画像をコマ，あるいは，**フレーム**(frame)と呼ぶ。1秒ごとに再生する画像のフレーム数を**フレームレート**と呼び，fps(frame per second)で表す。

　表示するスピードは，映画などフィルムの場合は1秒間に24フレーム，テレビやビデオの画像は1秒間に30フレームである。再生するフレームレートを上げれば滑らかな動画像となるが，扱うデータ量が多くなる。また，フレームレートを下げれば，扱うデータ量は少なくなるが，再生動画像はコマ送りのような画像となる。

　また，1フレームの画像サイズは640×480を基準として，高いフレームレートで再生する場合は，その1/2の画像サイズである320×240，1/4の画像サイズ160×120を利用することによって，取り扱うデータ量を減らしている。

　コンピュータで動画像を扱うことの長所は，動画像の合成や編集などが容易となることである。そのため，ビデオ映像やアニメーションなど扱うために，色々な動画像のファイル形式が開発されている。例えば，Windows系では，動画像を扱うファイル形式としてAVI形式が一般的であるが，Macintoshなど他のコンピュータでは扱えないという欠点もある。

　また，動画像を扱うためにはデータ量を少なくする，すなわち，動画像を圧縮する技術が必要となってくる。MPEG1やMPEG2が動

画像のファイル形式として利用されてきているが，MPEGは動画圧縮技術の標準化の総称である。

2.4.2　アニメーションの作成

ここでは，動画のしくみの例を示すために，Visual Basic（以下，VB）を利用して簡単なアニメーションを作成する。VBでは，画像格納用のピクチャボックスコントロールに，フレームごとの画像を格納しておき，その画像を表示用のピクチャボックスコントロールに順番に移して表示することにより，アニメーションを作成する（図2.33）。

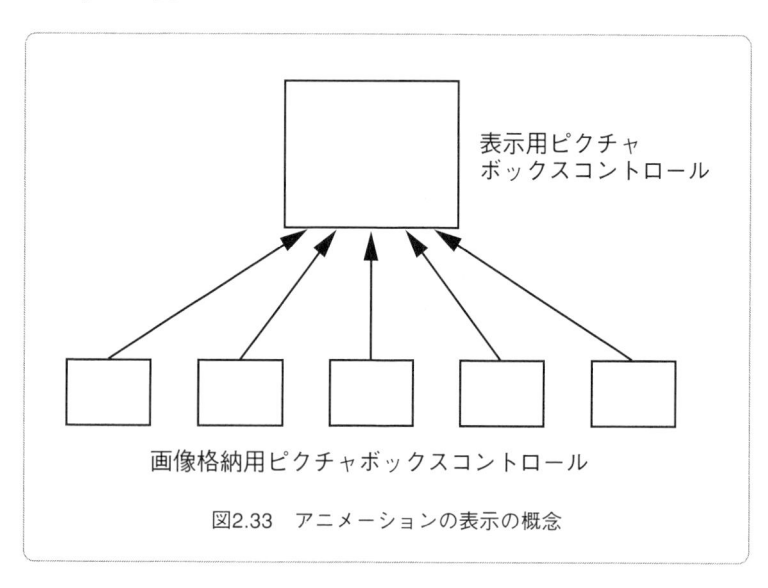

図2.33　アニメーションの表示の概念

(1) アニメーション用フォームの作成

VBを立ち上げ，「標準EXE」を開くと，ウィンドウとなるフォームが自動作成される。次に，以下の手順で，アニメーションを表示するフォームに設定を変更する。

・アニメーションを作成するので，Captionプロパティを「アニメーション」に変更する。フォームのタイトルバーが「アニメーショ

ン」と表示される。
・画像をピクセル単位で扱うので，ScaleModeプロパティを「3-ピクセル」にする(図2.34参照)。
・フォームのサイズを固定するので，BorderStyleプロパティを「1-固定(実線)」にする。
・最小化(フォームを最小化可能にする)を有効にするので，MinButtonプロパティを「True」にする。

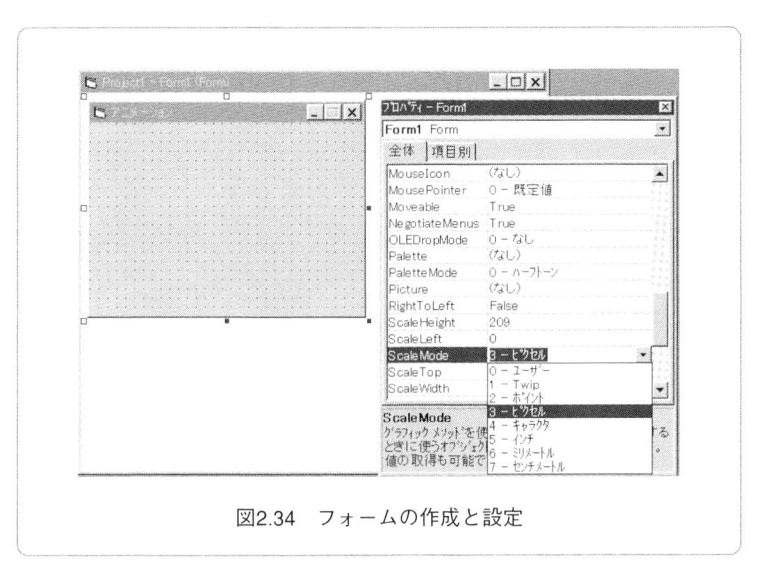

図2.34　フォームの作成と設定

(2)ピクチャボックスコントロールの作成

　まず，標準ツールボックスからPictureBox(図2.35の右上のアイコン)を選択して，アニメーションの画像を表示するためのピクチャボックスコントロール(図2.36の大きいボックス)を作成する。
次に，以下の手順で，アニメーション表示用に設定を変更する。
・画像をピクセル単位で扱うので，ScaleModeプロパティを「3-ピクセル」にする。
・画像サイズを320×240とするので，Widthプロパティを320，Heightプロパティを240に設定する。

図2.35 標準ツールボックス

図2.36 ピクチャボックスコントロールの作成

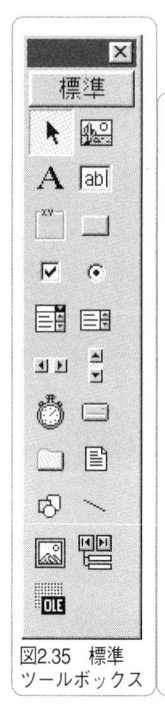

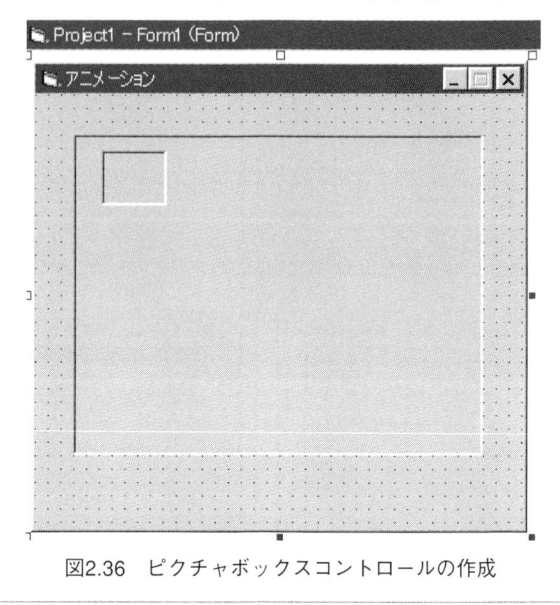

　次に，アニメーションの画像を格納するピクチャボックスコントロール（図2.36の小さいボックス）を作成する。格納用であるのでサイズなどを配慮する必要はない。ただし，格納用なので表示しないようにVisibleプロパティを「False」にする。

　さらに，Pictureプロパティを選択すると，「ピクチャーの読み込み」ダイアログに格納する画像を読み込む。画像が読み込まれると，Pictureプロパティの表示は，「なし」から「(ビットマップ)」に変更され，格納用ピクチャボックスコントロールに画像が読み込まれる。

　ピクチャボックスコントロールのサイズが小さいので，画像の一部しか表示されていない（図2.37）。ピクチャボックスコントロールのボックスをドラッグして拡大すれば，画像が格納されていることを確認できるが，ピクチャボックスコントロールのボックスを特に大きくする必要はない。

図2.37 表示画像の読み込み

(3)コマンドボタンの作成

このようにして，アニメーションに必要な画像の枚数(ここでは，説明のため画像は2枚とする)，ピクチャボックスコントロールを作成すると，フォームが完成する。

次に，2つのコマンドボタン(図2.38の「開始」と「終了」と画像を制御するTimerコントロール(図2.38の右下)を配置する。標準ツールボックスのコマンドボタン(図2.35の右上から3番目)を選択して，貼り付ける。コマンドボタンを選択して，プロパティの「Caption」にコマンドボタンの名前「開始」と「終了」とを入れる(図2.38)。

図2.38　コマンドボタンの作成

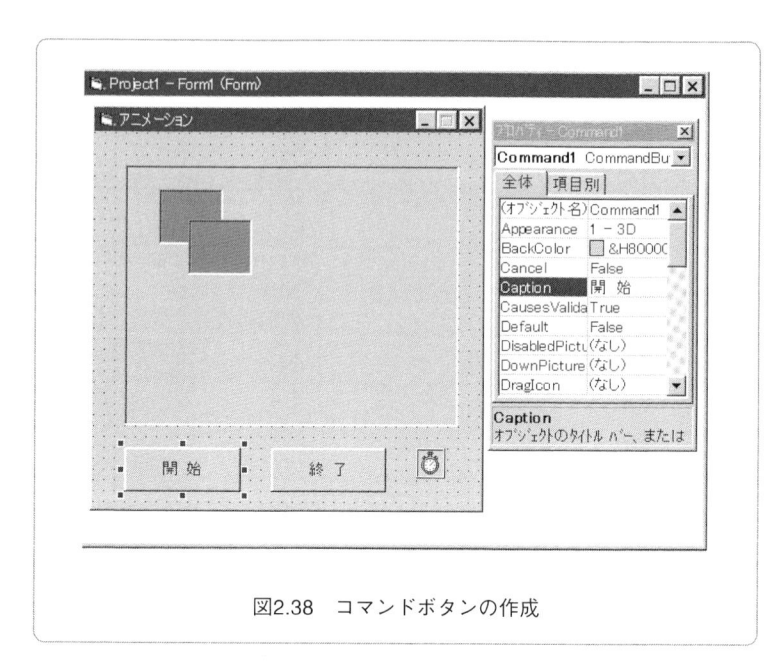

　開始ボタンをダブルクリックすると，自動的にコードが示されるので，図2.39のような必要なプログラムを書く。このプログラムでは，開始ボタンが押されると，Command_Click()のプロシジャーに制御が移る。図2.39の右に示したTimer1のEnableプロパティではFalseになっているが，このCommand_Click()のプロシジャーで，タイマーコントロールTimer1のEnableプロパティをTrueにし，Intervalプロパティに設定された時間間隔（図2.39では500ms）で制御を行う。

　Timer1_Timer()のプロシジャーでは，Picture1（表示用ピクチャボックスコントロール）に，Picture2（格納用ピクチャボックスコントロールで画像1が格納されている）とPicture3（格納用ピクチャボックスコントロールで画像2が格納されている）を順番に格納している。

図2.39　プログラムの作成

2.4.3　アニメーションの実行

　VBのメニューの実行(R)の開始(S)を選択する。アニメーションのフォームが表示されるので，開始ボタンを押すと，画像1(図2.40(a))と画像2(図2.40(b))の画像が順番に表示される。この2枚の画像が順番に表示されるので，お辞儀をしているように見える。

　なお，VBによるアニメーション作成方法は1通りではないが，画像の数が多い場合も，同じ考え方でアニメーションを作成することができる。

(a)画像1

(b)画像2

図2.40 アニメーションの実行

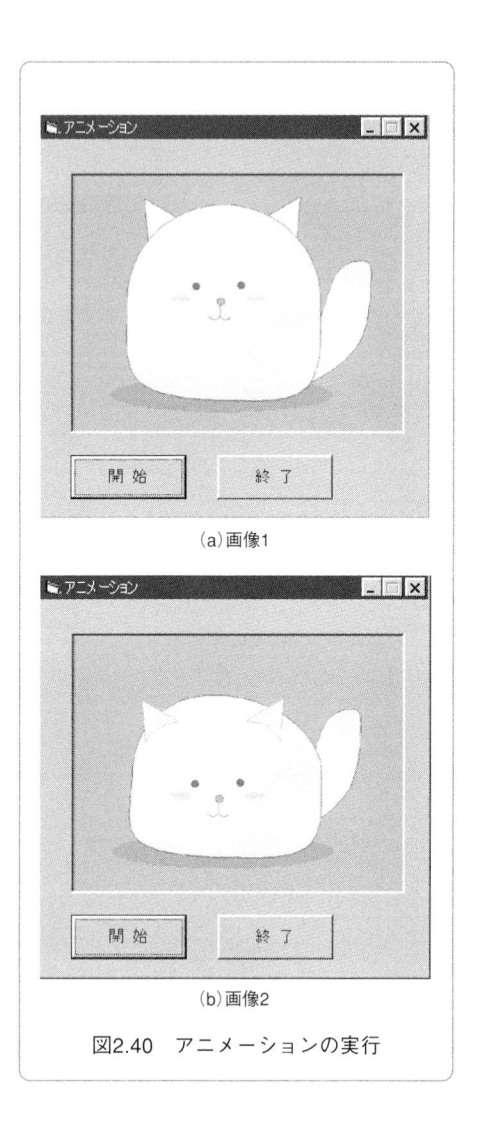

●練習2.12

動きのあるいくつかの画像を用意して，VBでアニメーションを作成しなさい。

第3章

メディア処理システム

3.1 コンピュータの構成

3.1.1 コンピュータの基本構成

コンピュータは，誕生からしばらくの間は，主として数値計算に利用されていた。しかし，文字，音声，画像といった情報をディジタル化する技術が進み，コンピュータは，文書，音楽，静止画，動画などの情報処理が可能になってきた。今では，コンピュータは，情報の処理のほか，情報の表現や情報の受発信などさまざまな用途に用いられ，人間の社会生活や家庭生活に広く利用されるようになってきた。

コンピュータは，図3.1のように，**処理装置**(Processing Unit)，**記憶装置**(Memory Unit)，**入力装置**(Input Unit)，**出力装置**(Output Unit)の4つの装置から構成されている。

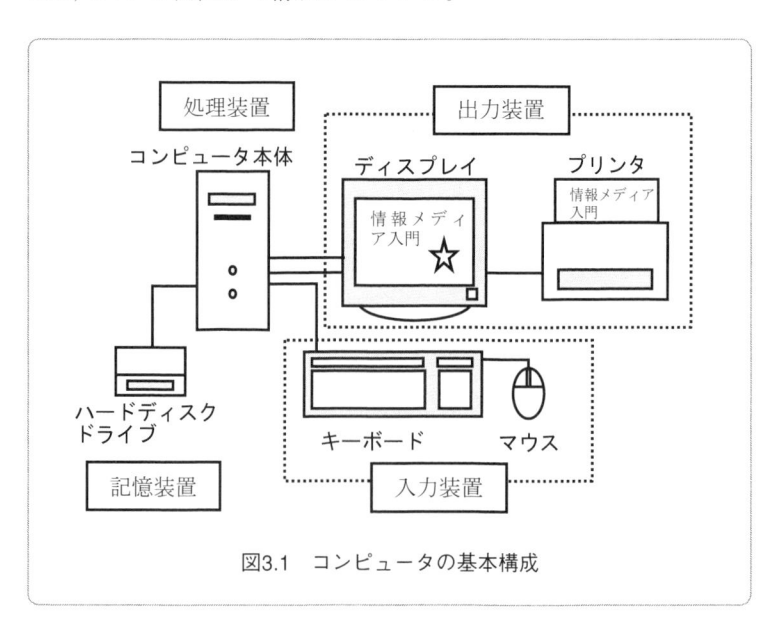

図3.1 コンピュータの基本構成

処理装置はコンピュータ内部にあり，演算と制御を行う。記憶装置は，コンピュータの内部と外部にあり，データやプログラムを記憶する。例えば，ハードディスクは，アプリケーションソフトのプログラムやデータを記憶する記憶装置である。キーボードやマウスは，データをコンピュータに入力するための入力装置である。一方，ディスプレイやプリンタは，コンピュータからデータを受け取り，文字や画像の表示や印字を行う出力装置である。

メディア処理システムには，キーボードやディスプレイのように，コンピュータに常に接続して利用する周辺機器のほかに，ディジタルカメラのように単独で用いたり，必要に応じてコンピュータにデータを入力したりする情報機器も含まれる。

●練習3.1

次の情報機器をコンピュータに接続したときに果たす役割から，「記憶装置」，「入力装置」，「出力装置」に分類しなさい。
(ア)プロジェクタ　(イ)イメージスキャナ　(ウ)スピーカ
(エ)CD-ROMドライブ　(オ)マウス　(カ)スマートメディア

3.1.2　中央処理装置

中央処理装置はコンピュータ本体の中にあり、**CPU**(Central Processing Unit)とも呼ばれる。CPUは，データの演算や命令の処理，他の装置の制御を行い，いわばコンピュータの頭脳の働きを担う。

図3.2　CPUの例

CPUの内部には，図3.3のように**演算装置**(Arithmetic and Logic Unit)，**制御装置**(Control Unit)がある。演算装置や制御装置には，各種の**レジスタ**(Register)が含まれている。

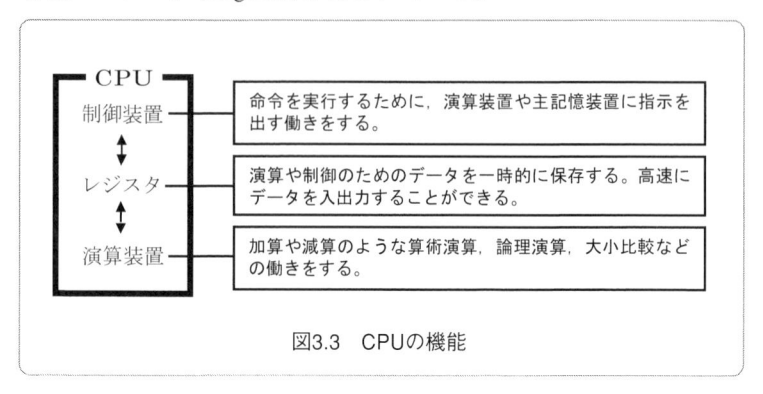

```
┌─ CPU ──────────────────────────────────────────────┐
│  制御装置 ──── 命令を実行するために，演算装置や主記憶装置に指示を
│                出す働きをする。
│     ↕
│  レジスタ ──── 演算や制御のためのデータを一時的に保存する。高速に
│                データを入出力することができる。
│     ↕
│  演算装置 ──── 加算や減算のような算術演算，論理演算，大小比較など
│                の働きをする。
└────────────────────────────────────────────────────┘
```

図3.3　CPUの機能

コンピュータは，**クロック周波数**という基準信号に合わせて動作する。CPU内部の演算やデータの入出力も，このクロック周波数にしたがっている。クロック周波数の単位は Hz(ヘルツ)であり，1 Hzで1回の演算を行う。現在，パソコンでも，クロック数が1GHz(10億Hz)以上という高速な処理が可能なCPUが登場している。

コラム

CPUの処理速度は，年々高速化されていく。1971年に初めて登場したCPU(米インテル社の「4004」)は，数千個のトランジスタが内蔵されていたが，現在では，指先ほどの面積に数千万個のトランジスタが組み込まれている。

3.1.3　主記憶装置

主記憶装置(Main Storage Unit)や**キャッシュメモリ**(Cache Memory)は，CPUが直接制御することができる記憶装置で，**内部記憶装置**とも呼ばれる。記憶装置には，ハードディスクやCD-ROMドライブなどのように，コンピュータの電源を切っても記憶を保つことができる**補助記憶装置**(Auxiliary Storage Unit)もあるが，ここでは，主記憶装置とキャッシュメモリについて解説する。

(1)主記憶装置

　メインメモリ（Main Memory）とも呼ばれ，中央処理装置（CPU）に対してデータや命令の入出力を行う。図3.4のように，OS（Operating System），アプリケーションソフト，周辺機器を動かすためのドライバなどのプログラムやデータが読み込まれ，それらのデータやプログラムをCPUとやり取りしてコンピュータを動かす。CPUは，主記憶装置を通じて，コンピュータに接続されている補助記憶装置，入力装置，出力装置を制御し，データを入出力する。

　メインメモリは，自由にデータを読み書きすることができる**DRAM**（Dynamic Random Access Memory）と呼ばれる種類のメモリである。1個の記憶素子に1bitの情報を記憶させることができるので，例えば，128MBのDRAMの場合，約10億（128×1024×1024×8）個の記憶素子からできていることになる。DRAMは，ハードディスクドライブなどの補助記憶装置に比べれば，高速にデータを読み書きすることができるので，CPUとのデータのやり取りに用いられる。ただし，このメインメモリは，電源を切るとデータが消滅するので，保存したいデータは，ハードディスクなどに記録する。

　パソコンのメモリは，基盤の両面にDRAMを配置した168ピンの**DIMM**（Dual Inline Memory Module）（図3.5参照）と，片面にメモリ配置した**SIMM**（Single Inline Memory Module）と呼ばれる種類がある。

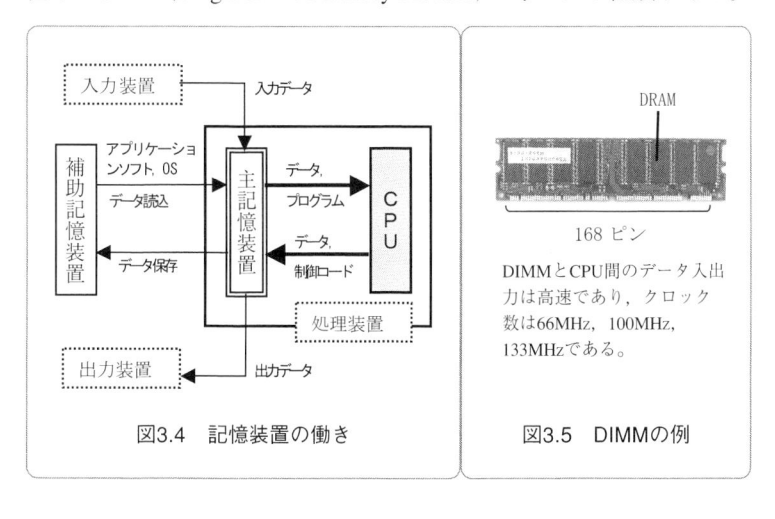

図3.4　記憶装置の働き

図3.5　DIMMの例

DIMMとCPU間のデータ入出力は高速であり，クロック数は66MHz，100MHz，133MHzである。

(2)キャッシュメモリ

　CPUの高速化に伴い，データの読み書きの速度が一段と速い**キャッシュメモリ**と呼ばれるメモリが，CPUのそばに配置されている。このキャッシュメモリは**SRAM**（Static Random Access Memory）という種類で，DRAMに比べて高速にデータを読み書きすることができる。メインメモリ（DRAM）から読み込んでCPUが利用したデータは，キャッシュメモリに記憶させておく。そして，もう一度同じデータをCPUが利用する際には，メインメモリからではなく，キャッシュメモリからその命令やデータを読み込むことで，高速に処理することが可能になる。

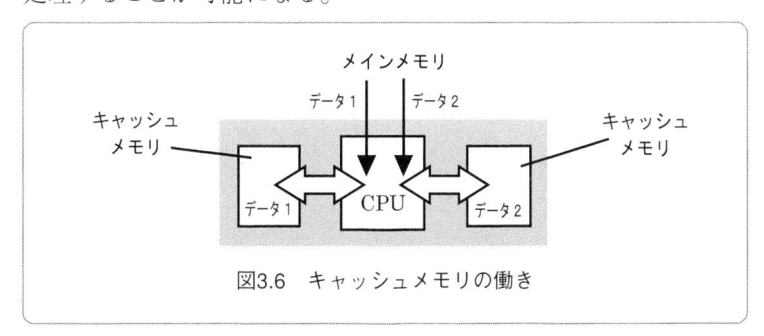

図3.6　キャッシュメモリの働き

(3)ROMとRAM

　メモリは，**ROM**（Read Only Memory）と**RAM**（Random Access Memory）に大別される。ROMは，電源を切っても記憶を保持するメモリである。コンピュータの起動時には，起動のためのプログラムを保持しているROM内のプログラムを実行してコンピュータが起動する。ROMには，ユーザが書き込むことができないマスクROM（Mask ROM）と，ユーザが書き込むことができるP-ROM（Programmable ROM）がある。**RAM**は随時に書き込み読み出しが可能なメモリである。メインメモリやキャッシュメモリはRAMである。

●**練習3.2**

　メインメモリ，キャッシュメモリ，補助記憶装置の働きと，機能の相違点を述べなさい。

3.1.4 マザーボードとバス

　CPUやメモリなどの電子部品を装着する基盤を**マザーボード**（Mother Board）という。マザーボードには，各部品間を結ぶデータの通路である配線が，縦横無尽に張り巡らされている。この配線を**バス**（Bus）という。チップセットは，異なるバスを連結し，データの流れを制御するLSIの集合体である。バスには，**システムバス**，**AGPバス**，**PCIバス**などがある。

　各バスの先には，ハードディスクドライブやディスプレイなど，コンピュータ内部や外部に接続する周辺機器を接続するためのスロットがある。AGPバスにはAGPスロット，PCIバスには数個のPCIスロットがマザーボードに取り付けられている。PCIバスのように，コンピュータの機能を拡張するためのバスを**拡張バス**と呼ぶ。

　システムバスとAGPバスは高速なデータ転送が求められ，現在では，1度に64bitのデータを送ることができるように，64本の配線が束になっている場合が多い。また，PCIバスは，1度に32bitのデータを送ることができる。

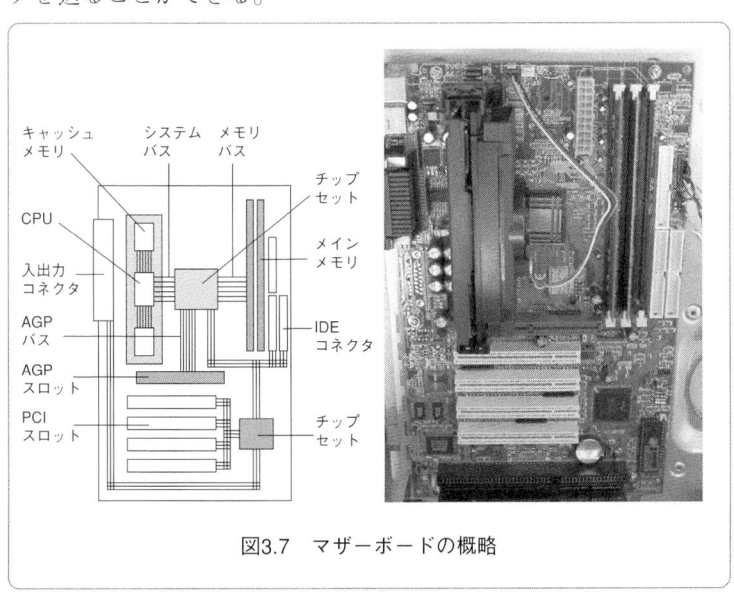

図3.7　マザーボードの概略

3.1.5 インタフェース

　周辺機器をコンピュータに接続するための規格は，**インタフェース**と呼んでいる。インタフェースは，表3.1のようにさまざまな種類がある。これらのインタフェースを利用して，コンピュータの本体には，いろいろな周辺機器が接続されている。以前は，周辺機器を接続するためのインタフェースやコネクタが，コンピュータメーカーごとに異なることが多く，コンピュータを変えると周辺機器も使えなくなることがあった。

　近年，**USB**(Universal Serial Bus)や**IEEE1394**など，多くのコンピュータや周辺機器メーカーに採用されているインタフェースが普及している。USBは，マウス，プリンタ，イメージスキャナ，MOドライブなどのインタフェースとして利用されている。周辺機器を

表3.1　インタフェースの種類と接続する情報機器

インタフェース名	接続する主な情報機器	転送速度（最高値）	備　考
①RS-232C	モデム，ディジタルカメラ	115.2Kbps	代表的なシリアルポート。通信ポートとも呼ばれる。
②USB（USB2.0）	多くの情報機器	12Mbps（480Mbps）	情報機器の汎用的な接続規格
③IEEE1394	ディジタルビデオカメラ	400Mbps	情報機器や家電製品の汎用的な接続規格
④IrDA1.0（IrDA1.1）	プリンタ，携帯情報端末	115.2Kbps（4Mbps）	赤外線データ通信で，携帯情報機器間などに利用される。
⑤IEEE1284	プリンタ	64Mbps	パラレルポートとも呼ばれている。
⑥AGP	ビデオカード	8.51Gbps	高速なグラフィックス表示用に開発した。
⑦PCI	SCSIカード，LANカード	1.06Gbps	各種の拡張カードを接続するための拡張バス
⑧IDE	ハードディスク，CD-ROM	528Mbps	IDEの拡張仕様のATA-2，ATAPI等に発展している。
⑨SCSI	MO，イメージスキャナ	1.28Gbps	機器は最大7台まで接続可能。高速化が進んでいる。

コンピュータの起動後に接続しても利用できる**ホット・プラグ機能**や，自動的にシステムの設定を行う**プラグ・アンド・プレイ**（Plug and Play）に対応しており，最大127個の周辺機器の接続が可能である。転送速度は，1.5Mbpsのロースピードと，12Mbpsのハイスピードがあるが，1999年10月にUSB2.0が発表され，最高480Mbpsの転送速度の実現を目指している。接続したコンピュータから電力の供給を受けるので，周辺機器自身に電源をつける必要がなく，便利である。

　また，IEEE1394（**i.LINK**や**FireWire**と呼ばれる）は，転送速度が速く（最高400Mbps），特に動画のようなデジタルビデオデータの入出力に使われている。ビデオカメラ等の家電製品での利用も進められている。

コラム

　コンピュータや情報機器間の無線でのデータ通信が注目され，さまざまな規格が制定されている。IrDA（Infrared Data Association）は，**赤外線データ通信**の標準化団体であり，各種の赤外線データ通信の規格を定めている。IrDAの転送速度は最高4Mbpsであり，コンピュータとプリンタ間などの通信に利用されている。また，IrTran-Pは，デジタルカメラからコンピュータへのデータ転送などに利用されている。

　また，現在，**無線LAN**は有線LANと共存して利用する場合が多く，IEEE802.11の規格に準拠している。速度は転送速度は11Mbpsと，有線LANに比べて低速であるが，54Mbpsを実現する規格も作られている。最近，携帯電話や周辺機器とコンピュータを結ぶ**ブルートゥース**（Bluetooth）と呼ばれる短距離無線の技術が広まりつつある。通信範囲は約10mと狭いが，家電製品も含めて無線でのトータルな情報機器の接続技術が注目されている。

表3.1の①〜④は，いずれも**シリアルインタフェース**に分類され，1本の信号線を用いて1ビットずつデータを転送する。

コンピュータと周辺機器との接続には，図3.8の**シリアルポート**や**パラレルポート**のように，コネクタケーブルを用いてそのまま周辺機器に接続する方式と，図3.9のビデオカードのように専用の拡張カードを装着し，周辺機器を接続する方法とがある。

コンピュータ本体と周辺機器とを結ぶケーブルのコネクタには，さまざまな種類がある。

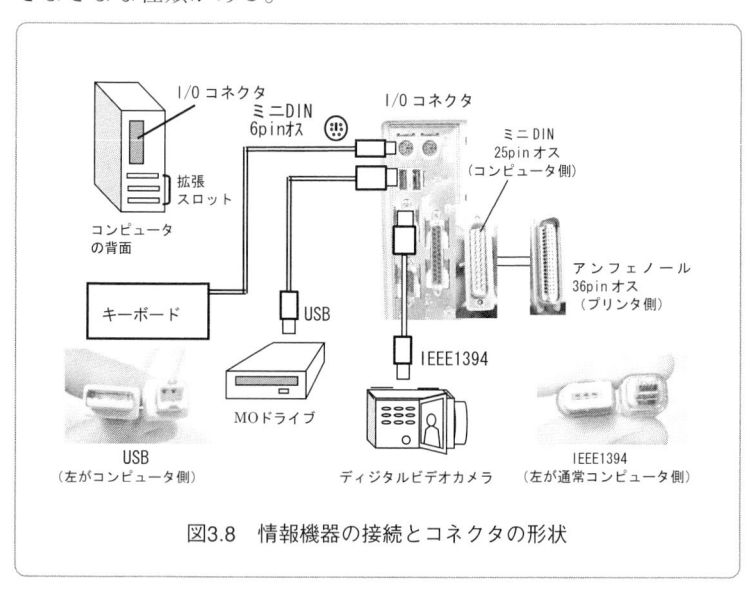

図3.8　情報機器の接続とコネクタの形状

●練習3.3

1) インタフェースはどのような働きをするか答えなさい。

2) あなたが日常使うコンピュータと，周辺機器がどのようなインタフェースを介して接続されているか，表3.1を用いて調べなさい。

3.1.6　拡張カード

AGPスロットには，通常，グラフィックス機能を拡張するためのビデオカード（図3.9）を装着する。**PCIスロット**には，必要に応じ

て，サウンドカード，SCSIカード，LANカードなどを装着する。

(1)ビデオカード

　ビデオカードは，3Dのゲームや映像といった動きのある画像をディスプレイに表示する際に用いる。このような3次元の物体や動画をディスプレイに表示する場合，多くの演算処理が必要となる。この処理をCPUだけで行うと負担が大きく，スムーズな表示ができない。そこで，専用の処理装置(ビデオカード)を拡張スロットに装着し，CPUと連携して画像の処理を行うようにする。

　ビデオカードには，データをディスプレイに表示するための画像データにするビデオチップがある。メインメモリから高速に画像データを転送する機能を**グラフィックスアクセラレータ**という。ビデオチップで画像データは処理され，ディスプレイの各ドットのRGBデータが**VRAM**(Video RAM)に記録される。

　VRAMに蓄えられたデジタルの画像データは，**RAMDAC**(Random Access Memory Digital-to-Analog Converter)によって，アナログの電気信号に変換され，ディスプレイに表示される。ディスプレイの解像度(図3.33参照)と表現するカラー情報が大きいほど，VRAMのメモリも多く必要とされる。

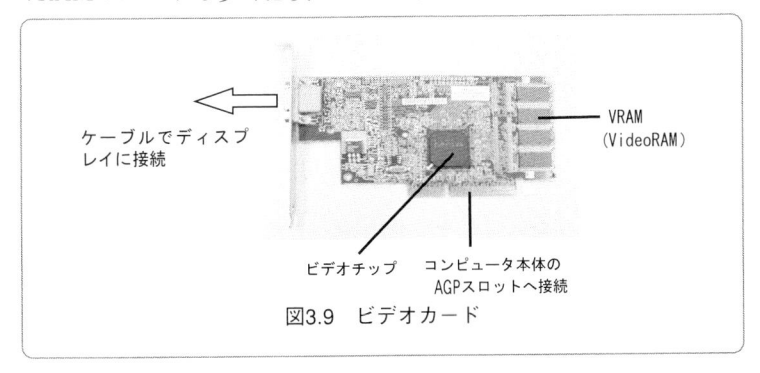

図3.9　ビデオカード

(2)ビデオキャプチャ

　ビデオキャプチャカードは，ビデオ信号をコンピュータに入力す

るための拡張カードである。入力されたアナログのビデオデータを，**MPEG**やモーションJPEGとして圧縮して保存する。CD-ROMでのビデオ再生レベル（352×240ライン/秒）の画質で圧縮するMPEG-1や，現在のテレビ相当の解像度（720×480ライン/秒）から，DVD，ディジタル放送にも対応した解像度の規格を持つMPEG-2での圧縮，記録が可能なものもある。

　拡張カードではなく，USBインタフェースでコンピュータと接続することができるビデオキャプチャも販売されている。また，アナログのビデオ信号をディジタルに，逆に，ディジタルのビデオ信号をアナログに変換するコンバータもある（図3.10）。このコンバータを利用すると，ディジタルで映像を扱うディジタルビデオカメラやコンピュータと，アナログで映像を扱うディスプレイやビデオカメラなどの周辺機器間で，映像の交換を行うことが可能である。

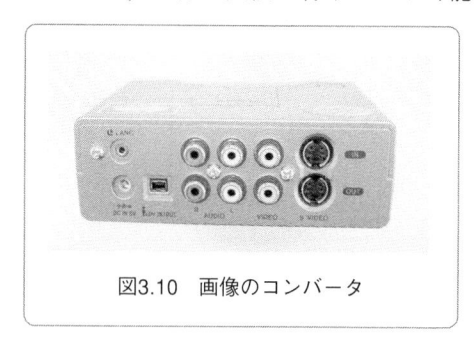

図3.10　画像のコンバータ

(3)サウンドカード

　コンピュータでCD-ROMやDVDの音楽を再生したり，マイクで音を録音したりするには，**サウンドカード**が必要である。サウンドカードは，PCIバスなどの拡張スロットに装着するものが多い。

　サウンドカードには，図3.11のように，スピーカやアンプへの音の出力，外部オーディオやマイクロフォンからの音の入力，MIDI（Musical Instrument Digital Interface）やゲーム用ジョイスティックの入出力の機能がある。

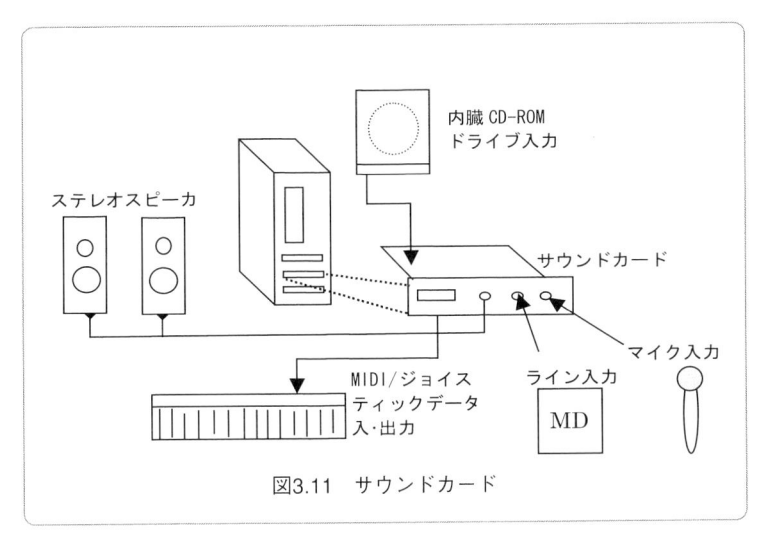

図3.11　サウンドカード

　サウンドカードには，各種の音源(音を発生させる装置)が搭載されている。**FM音源**(Frequency Modulation Synthesizer)は，sin波に別のsin波を掛け合わせることによって変調をかけ，さまざまな楽器に類似した音を作り出す音源である。

　PCM(Pulse Code Modulation)で録音する方法は2章で述べた。**PCM音源**は，サンプリングして録音したディジタルの音を，D/A変換(Digital to Analog Conversion)を行って，アナログの音に変換し，スピーカへと音を流す。**ウェーブテーブル音源**(Wavetable Synthesizer)は，ピアノやバイオリンなどの各種の楽器をPCM方式で録音し，ディジタルデータとしてメモリに記録している。その音を再生することによって，実際の楽器に近い音を再現することができる。

　MIDIは，音の3要素である音程，音量，音色のほかに，音の長さ，音の効果などの情報を数値化する規格である。MIDIを使うと，サウンドカードに搭載されている音源で，楽器の多重演奏が可能である。また，MIDI対応の電子楽器を接続することもできる。

●練習3.4

サウンドカードに搭載されている音源の名称と，音源の基本的な働きを答えなさい。

3.2 入力装置

3.2.1 対話デバイス

　キーボード，マウス，タブレットなどは，コンピュータに文字や数値，平面状の位置の情報を入力するための周辺機器である。これらの周辺機器は，データをコンピュータに入力するとともに，コンピュータからの指示に対して応答する役目を果たしている。このように，コンピュータと利用者のやり取りを仲立ちするような入力機器を，対話デバイスと呼ぶ。

(1)キーボード(Keyboard)

　指でキーをタイプすることによって，コンピュータに文字や数字などを入力する。当初DOS/Vマシン用のコンピュータのキーボードは，キーの数は101が基本であった。日本では，それに日本語入力用のキーが5つ加えられ，106キーが基本であった。Windows搭載のコンピュータのキーボードになると，さらに3つのキーが加わり，合計109のキーを持つキーボードが標準になった。メーカーによっては，起動やインターネット接続のためのキーなど，独自のキーを加えて110以上のキーを有する製品もある。

　キーボードの形状はさまざまあり，人間工学の研究に基づいて作られた**エルゴノミックキーボード**(ergonomic keyboard)（図3.12）などが作られている。

　図3.13のようにキーボードのキーは，手前が低く次第に高くなるように傾斜を付けて配置されている。また，キーの上部(キートップ)に，押しやすいように角度を付けたり，中央にくぼみを付けたりしている。このようなキーボードとキーの形状を**ステップスカルプチャ**という。

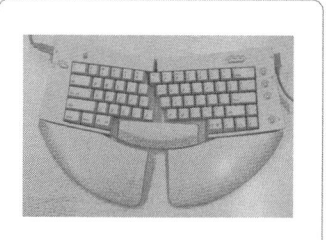

図3.12　エルゴノミックキーボード

図3.13　ステップスカルプチャ

　キーボードが，利用者が押したキーを判別し，コンピュータにそのキーの文字や数字のコードを送るしくみの概略を図3.14に示す。キーは図3.14のように縦横に配置されており，キーの下には，図のような格子状の配線がある。a～eの配線に対して，順番に繰り返し電圧をかけ，キー入力を待っている。例えば，図の斜線で示すキーが押されると，3の列に電流が流れることになり，押された斜線のキーが検知される。そして，そのキーの信号がコンピュータに送られる。

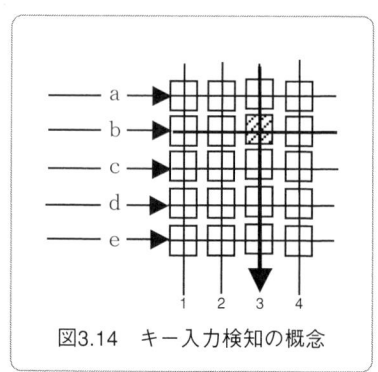

図3.14　キー入力検知の概念

コラム

　文字を入力する場合，キーを見ずに入力するとスピードが速くなる。このように，キーを見ずに入力する方法をタッチタイピングという。「F」と「J」のキートップには，通常突起があり，ホームポジションの位置を指先で知ることができるようにしている。

英字のキーの配列は，タイプライターと同様であり，**QWERTY**(クワーティ)と呼ばれている。この「QWERTY」は，キーボードの左上から6つのキーを綴った単語であり，「ASCII」配列とも呼ばれている。タイプライターが使われていた頃，隣り合わせのキーを連続して打つと，タイプライターのアームが絡むことが多かった。そこで，英文を入力するとき，隣合わせのキーを入力することが少なくなるように，アルファベットのキーを配置したとされている。

(2)マウス

マウスは，コンピュータのディスプレイ上の位置を指し示す道具であり，ポインティングデバイスの一種である。マウスを動かすと，移動した方向と距離を検知して，マウスの動きに連動してディスプレイ上のマウスカーソルが移動する。

マウスには，ボールの動きでマウスカーソルを動かすマウス(ボール式マウスと記す)と，光学センサを用いる光学式マウスがある。

(i)ボール式マウス

マウスボールの回転によって，マウスの移動方向と移動距離を測定する。図3.15のように，マウス内部のボールに2つのローラーが接触しており，マウスの移動で回転するボールをX軸とY軸の移動距離に変換する。ローラーの回転は，キャプスタンを回転させる。発光ダイオードから発せられた光は，キャプスタンの回転でスリットを通過した光だけ受光素子に到達する。受光素子は，光の点滅回数を検知し，その回数によって移動距離を知る。このような，入力のしくみを**ロータリーエンコーダ**と呼んでいる。

(ii)光学式マウス

光学式マウスは，マウスの下部から光をマウスの接触面に当て続け，接触面の拡大画像情報をイメージセンサで捉えて記録する。1秒間に1500～2000回の高速で接触面の凹凸の画像を入力し，画像を

図3.15　マウスの入力のしくみ

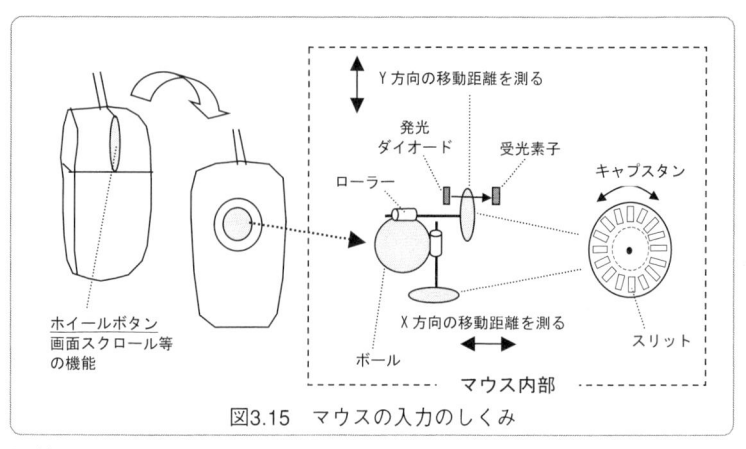

比較して移動距離を求める。ボールの回転が難しいような接触面であっても，光学式マウスは利用が可能である。

(3) その他の対話デバイス

(i) タブレット（図3.16）

スタイラスペンを板状の器具の上を動かして入力する。CAD（Computer Aided Design）などの製図作成に利用されていたが，最近では，描画ツールなどとしても利用されている。精度が高い電磁誘導式と，精度は高くないが価格が安い感圧式がある。

マウスは，移動位置と距離を相対的に感知して入力するが，タブレットは，絶対的な位置情報を入力することができる。

(ii) タッチパネル

画面（パネル）のどの位置に触れたかによって，位置の情報を感知する。銀行のATMなどで用いられている。タブレットに比較し

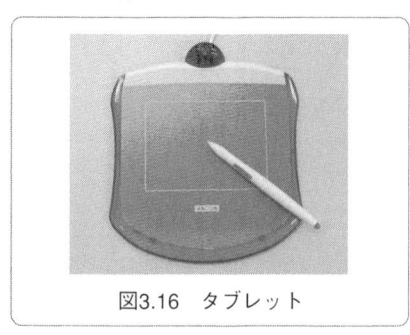

図3.16　タブレット

図3.17　トラックパッド

て，一般に位置の認識精度は低い。

(iii) **手書き入力装置**

ペンを用いて手書きで文字を入力する。筆跡を感知して，文字として入力することが可能な装置である。電子手帳や携帯情報端末(PDA)での入力に用いられている。

(iv) **ジョイスティック**

スティックを握り，前後左右に傾けることによって，ポインタやキャラクタを動かす。主として，ゲームに用いられている。

(v) **ノートパソコンのポインティングデバイス**

ノートパソコンの場合，キーボードやマウスは，本体と一体になっている。操作面に指を当てて動かすとカーソルが動く**トラックパッド**(図3.17)や，球体を指で回転させるとカーソルが動く**トラックボール**など，さまざまな形態のポインティングデバイスを付けて，マウスの働きを代用する。

> **コラム：マンマシン・インタフェース(Man-machine interface)**
>
> 人間と機械との間の情報のやり取りを行うための仕組みや機器，ソフトウェアなどを指す。特に，コンピュータのディスプレイの表示と，利用者との情報の入出力に関するインタフェースは，**ユーザインタフェース**という場合が多い。コンピュータの画面にアイコンや図を配置し，視覚的にわかりやすく操作ができるようにしたインタフェースを**GUI**(Graphical User Interface)といい，文字や数値を使ってコンピュータを操作する環境を**CUI**(Character based User Interface)という。

●**練習3.5**

対話デバイスを5つあげ，それぞれの利用の方法，特徴，用途を表にまとめなさい。

3.2.2 画像入力機器
(1)イメージスキャナ

イメージスキャナは，単にスキャナとも呼ばれ，書類やフィルムなどの平面上の画像データを読み取る。主に，以下の①～④の種類がある。

①フラットベッド型スキャナ

据付のスキャナで，コピー機のように原稿を載せて，画像データとして読み取る。

②ハンディ型スキャナ

スキャナ本体を手で持ち，原稿の上を移動させることによって，画像データを読み取る。

③シートフィード型スキャナ

ペーパーフィーダ型スキャナともいう。原稿を細長い溝に差し込んで画像データを読み取る。

④フィルムスキャナ

銀塩フィルムやAPSフィルムの画像データを読み取る。

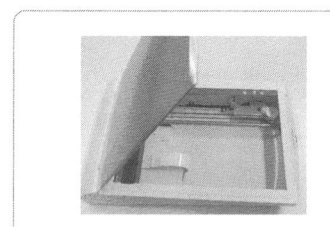

図3.18 フラットベッド型スキャナ

ここでは，①のフラットベッド型スキャナを中心に解説する。

光源，鏡，レンズ，**リニアアレイCCD**(Charge Coupled Device)センサ(以下，リニアCCDと記す)など，画像を捉えて入力するための機器群を光学系という。この光学系は移動台(キャリッジ)に固定されており，図3.19のように画像上を移動しながら画像データを読み取る。

フラットベッド型スキャナは，直線(リニア)状に数千個もの**フォトダイオード**を配置したリニアCCDを用いて，画像データを読み込む。リニアCCDが原稿上の1列の画像情報(図3.20の原稿上の太線)を読み取る操作を主走査という。キャリッジを動かしながらこの主走査を繰り返し，2次元の画像情報を読み込んでいく。これを副走査という。

　リニアCCDの各素子の間隔はおよそ$10\mu m$であり，数千個のCCDが一列に並んでいる。リニアCCDのフォトダイオードは，図3.20のように3列あり，それぞれR(赤)G(緑)B(青)のフィルタを付けている。

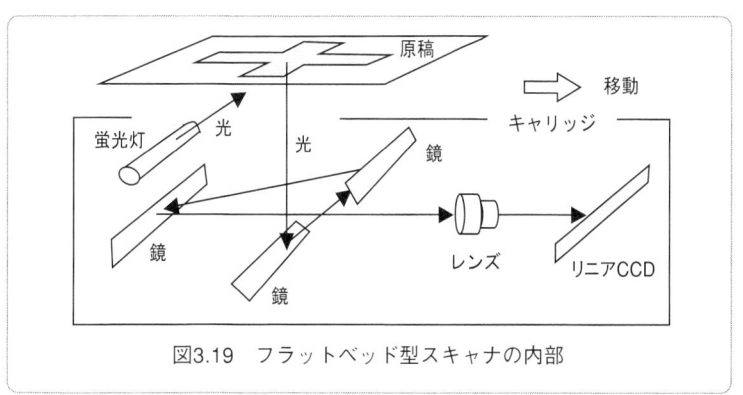

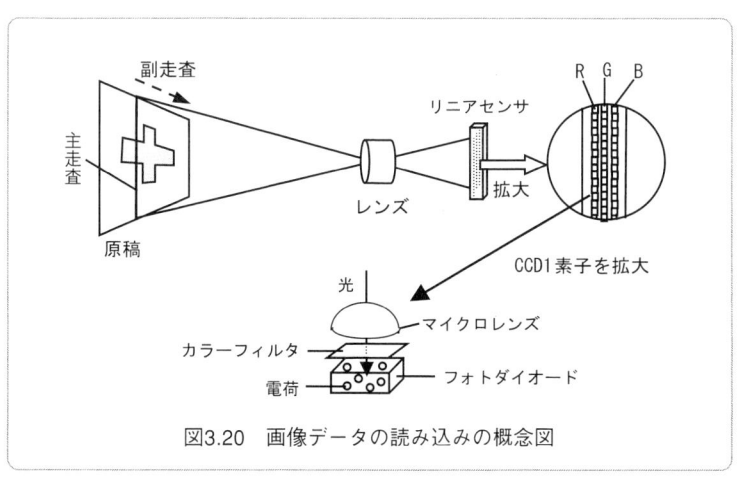

図3.19　フラットベッド型スキャナの内部

図3.20　画像データの読み込みの概念図

解像度が600dpi(dots per inch)の場合，原稿1インチ(2.54cm)を600区分した画像情報をフォトダイオードで読み取る。CCDは電荷結合素子と呼ばれ，原稿の1区分から届いた光は，レンズを通過し，RGBいずれか1色のフィルタを通ってフォトダイオードに当たる。フォトダイオードでは，光の強さに相当する電荷が生じ，すぐに送り出されて電荷量に応じた電気信号になり，A/D変換によってディジタル量に変換される。このようにして，原稿の1区画のRGBの光の強さが，それぞれディジタル量に変換される。RGBが各8ビット(256階調)でディジタル化する場合，256×256×256で約1600万色以上を識別することができる。各色14ビットを識別することができるスキャナもある。

イメージスキャナでは，おもに2つの画像入力方式が用いられる。
①縮小光学系方式

図3.20のように，原稿からの光をレンズで縮小してCCDに入力する方式であり，CCD方式とも呼ばれる。図3.19のように，光源には蛍光灯を用い，光を何度か鏡で反射させてレンズへと導く。焦点距離が長くなり，やや厚みのある原稿でも入力することができる。
②密着光学系方式

光源に，発光ダイオードを用いる。図3.21のように，RGB3色の光を順に原稿に当て，その反射光をリニアCCDで読み取るため，カラーフィルタは不要である。

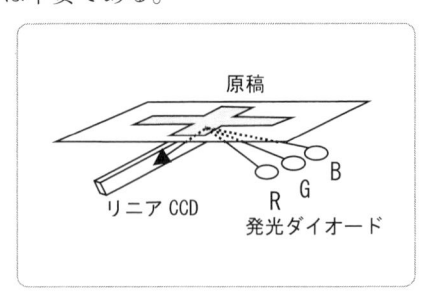

図3.21 密着光学系方式の原理

鏡やレンズを用いずに，CCDを原稿に近づけて読み取る方式で，CIS(Contact Image Sensor)と呼ばれる。鏡を用いないため，スキャナを薄型にすることができる。また，光源に省電力の**発光ダイオード**を用いるため外部電源が不要で，USB接続のみでスキャナを動かすこともできる。

コンピュータへの画像データの転送は，USB，SCSI，IEEE1394などのインタフェースを通じて行う。スキャナをコントロールして画像データを入力する場合の汎用のソフトウェアに**TWAIN**がある。多くのフォトレタッチソフトがTWAINに対応しており，スキャナから直接，画像を入力することができるようになっている。また，スキャナを用いて文字情報を画像情報として読み込み，**OCR**(Optical Character Reader)ソフトを用いてテキストに変換することができる。

コラム

FAXとコピー機は，スキャナとほぼ同様のしくみで画像情報を読み込む。FAXは読み込んだ画像情報を，電話回線を使って送信する。また，受け取った画像情報を印刷する。コピー機は，画像情報を内蔵しているプリンタで印刷する。最近では，スキャナ，コピー，FAX，プリンタ，電話などの機能を併せ持った機器が登場している。

●練習3.6

主走査600dpi，副走査が1200dpiの解像度を持つスキャナで画像情報を入力する。

1) 主走査を行う紙の横幅が12.7cm，副走査を行う縦幅が25.4cmの画像情報をすべて入力する場合の，総画素数を求めなさい。
2) この用紙のカラー情報を，RGBの各色を12bitで読み込む場合，総データ量は何バイトになるか答えなさい。

(2)ディジタルカメラ

　ディジタルカメラは，画像を撮影し，ディジタル化して記録する情報機器である。ディジタルカメラで撮影し，その画像をコンピュータ等の情報機器で利用するには，次の3つの段階を経る。

①画像の撮影

　画像の撮影の原理は，被写体から出された光が，ディジタルカメラのレンズによって屈折しCCDに入射する。レンズと結像面（焦点）までの距離を**焦点距離**（f）という。ディジタルカメラも，フィルムを使用する銀塩カメラと同様に，**絞り**やシャッターが，図3.23のようにレンズとCCDの間にある。また，通常，レンズは，数枚の凹レンズと凸レンズが組み合わされた構造をしている。

　絞りで入射する光の量を制限することができる。絞りを絞るほど，**F値**は大きくなる。逆に，絞りを開ききった状態での**F値**が一番小さい値を示し，そのレンズ自体の明るさを示す値になる。

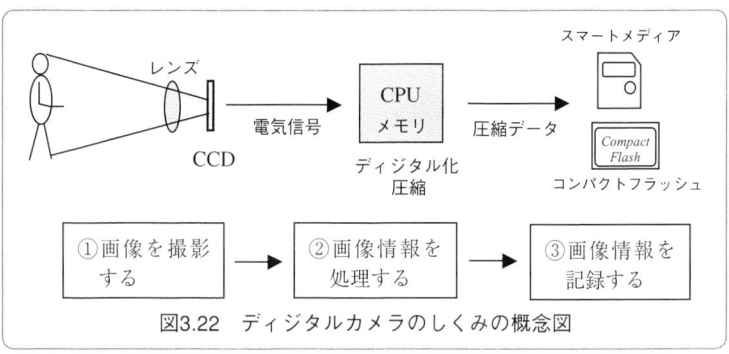

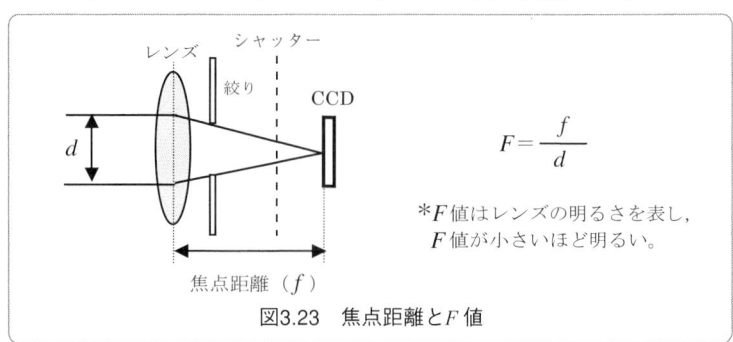

図3.22　ディジタルカメラのしくみの概念図

$$F = \frac{f}{d}$$

＊F値はレンズの明るさを表し，F値が小さいほど明るい。

図3.23　焦点距離とF値

ディジタルカメラのズーム機能には，**光学ズーム**と**ディジタルズーム**の2種類がある。光学ズームの機能によって，図3.24のように，レンズを前後に移動して，焦点距離を変えることができる。レンズをCCDから離すと焦点距離が長くなり（$f \to f'$），遠くの被写体を拡大して撮影することができる。例えば，35mmであった焦点距離を105mmにすれば3倍に拡大することができる。この場合，光学ズームは3倍ということになる。

　ディジタルズームの場合は，CCDで得た画像の一部を拡大する。したがって，CCDの一部分の画素で得た情報を用いて，画像を拡大することになるので（図3.25），光学ズームに比較して画質は悪くなる。

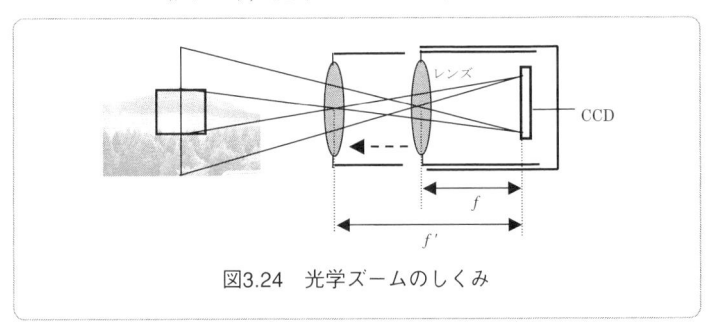

図3.24　光学ズームのしくみ

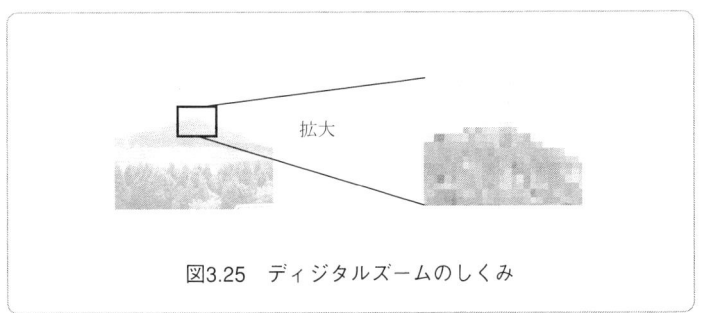

図3.25　ディジタルズームのしくみ

　ディジタルカメラのCCDでも，スキャナと同様に，レンズから入射した光の強さを電荷量に変えて，それを電気信号に変換する。各受光素子には，R（赤）G（緑）B（青）のフィルタが付けられている。人間の目は，緑を感じやすいため，緑のフィルタの数が，赤や青に比べて多い。

コラム

　受光素子の数が，そのディジタルカメラの画素数となる。現在では，400万画素以上の高解像度のディジタルカメラもあり，銀塩カメラと同等以上の解像度を示すものも出てきている。高解像度で撮影した画像は，大きな用紙に印刷しても，画質が悪くならない。

　しかし，高解像度で撮影した画像は，保存する場合のファイル容量が大きい。また，ディスプレイに表示する場合，あまり高解像度で撮影すると，通常のディスプレイの画面に納まらず，編集しにくくなる。高解像度で撮影した画像を，フォトレタッチソフトを用いて解像度を落として編集するくらいなら，始めから適度な解像度で撮影した方がよい。

②画像情報の処理

　CCDの**受光素子**(フォトダイオード)には，光の強さに応じた電荷が発生する。図3.26のように，各素子に発生した電荷は垂直転送路に移り，交互に電圧をかけることによって，バケツリレー式に次々と水平転送路に移動する。水平転送路に移った電荷も，次々に移動して，各受光素子に発生した電荷を取り出すことができる。このような電荷の転送方式を**インターライン転送**という。

　各受光素子に発生した電荷量は，電気信号に変換される。この電

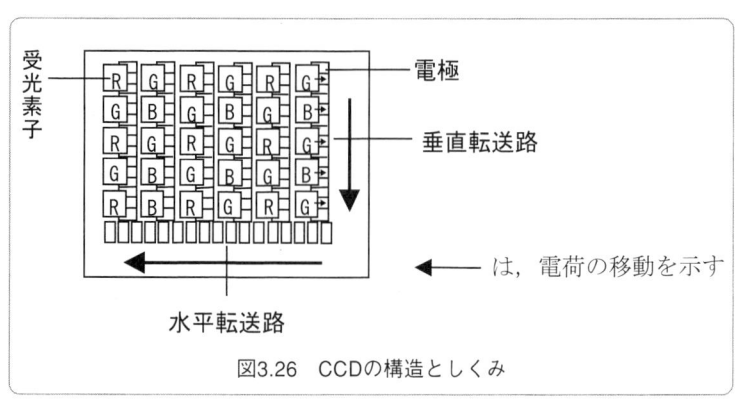

図3.26　CCDの構造としくみ

気信号はA/D変換されてディジタルデータとなり，いったん，メモリ(DRAM)に保存される。

③画像情報の記録

メモリに蓄積された画像情報は，離散コサイン変換やハフマン符号化といったデータ圧縮アルゴリズムで，**JPEG**(Joint Photographic Experts Group)形式に圧縮されることが多い。JPEGで圧縮した画像は，10分の1程度になり，**スマートメディア**，**コンパクトフラッシュ**，**メモリスティック**などの**フラッシュメモリ**に記録される。フラッシュメモリは，**EEPROM**(Electrically Erasable Programmable ROM)の一種であり，利用者がデータを書き込むことができるメモリである。また，データは電源の供給を絶っても保持される。

ディジタルカメラは，**液晶ファインダー**が付いていることが多く，フラッシュメモリに保存している画像を再生して確認することができる。フラッシュメモリはいずれも小型であるため，PCカードに装着したり，専用のリーダーに挿入して，撮影した画像をコンピュータに入力する。

●練習3.7
1) 焦点距離が30mm，口径が15mmのレンズの場合，F値を計算しなさい。
2) 等倍でXGA(1024×768)のディスプレイの全画面に，画像を表示するために必要なディジタルカメラの画素数を答えなさい。

3.2.3 映像入力機器

映像入力機器としては,**ディジタルビデオカメラ**について説明する。近年,ビデオカメラは,アナログからディジタルへと移行している。ディジタル方式が有利な理由としては,主として,複製しても劣化がほとんど起こらないことや,ノンリニアの編集が可能になり,映像の加工や合成等,高度な編集処理が可能であることなどがあげられる。

映像を録画する仕組みとしては,ディジタルカメラと同様に,レンズを通じて光がCCD上に結像するしくみである。そして,その画像情報を逐次ディジタル化して,記録媒体に記録していく方式が用いられている。ディジタルビデオカメラには,画像からの光をプリズムによってRGBの3色に分け,3つのCCDに別々に入力する**3CCD方式**と,ディジタルカメラのように,1つのCCDの受光素子に色のフィルタを付けてかぶせて入力する**1CCD方式**とがある。

この1CCD方式の場合,ディジタルビデオカメラとは異なりC(Cyan:赤の補色),M(Magenta:緑の補色),Y(Yellow:青の補色)の3色と,人間の目には感度がよいG(Green)の4色のフィルタを用いる。RGBのフィルタを使うより,光の透過率が高く明るいためである。これらC,M,YとGの光の強度を用いて,R,G,Bの光の強度を求め,画像データを記録していく。

画像の記録方式としては,画像の輝度(明るさ)と色の信号を混ぜてテープに記録する**コンポジット方式**ではなく,輝度(明るさ)と色の信号を分けて記録する**コンポーネント方式**を用いている。このため,色のにじみが少なくなり,色の再現性も高くなった。また,水平解像度では,ディジタル方式での水平解像度は約500本であり,アナログ方式の代表であるVHSの240本やS-VHSの400本より多く,きめ細かな映像を再生することが可能である。

再生用のディジタルビデオカメラの場合,録画テープは,ミニ

DVカセット(標準で60分)とスタンダードDVカセット(標準で270分)を用いることが多い。DVテープの場合，データ転送速度は，25Mビット/秒である。日本で採用されているTVの信号規格NTSC(National Television System Committee)の画像をディジタル化すると約250Mビット/秒が必要となり，10分の1にデータを圧縮する必要が出てくる。

映像のディジタル化と**圧縮**(**DVコーデック**)は，次の順で行われる。まず，図3.27のように，CCDとマイクから映像と音声を入力する。次に，映像の電気信号を，輝度信号(Y)と2つの色差信号(R−YとB−Y)とに分け，A/D変換を行う。輝度信号は13.5MHz，色差信号は4分の1の3.375MHzでサンプリングし，8ビット階調でディジタル画像データを作る。さらに，図3.27のように，JPEGの圧縮と同様な方法で，1フレームごとに映像信号を圧縮する。その際，720×480の解像度を，8×8画素のブロックに分割して，画像データの圧縮処理を行う。

圧縮した画像データは，1フレームあたり10トラックに分割されてDVテープに記録される。録画のフレームレートは，標準で1秒間に30フレーム(30fps)である。DVコーデックの場合，フレームごとに圧縮し，フレーム間での圧縮はないので，フレーム単位での編集が可能である。このような圧縮を**空間型圧縮**という。MPEGは，逆に，フレーム間での圧縮を行っており，**時間型圧縮**の方法である。時間型圧縮は，圧縮率は高いが編集は難しい。

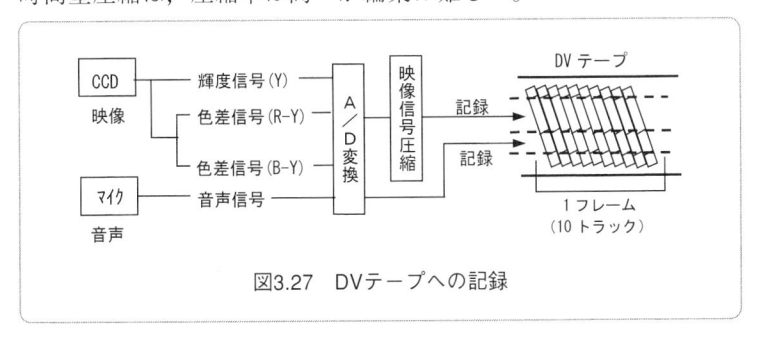

図3.27 DVテープへの記録

3.2.4 音声入力機器

(1)マイクロフォン

　音声を入力する情報機器として，マイクロフォンがある。マイクロフォンの先端の振動板が，音声によって振動する。振動板の先には可動コイルが付けられており，振動板の振動によって可動コイルが動き，電気信号が生じる(図3.28)。

　マイクには，**無指向性マイク**と，**単一指向性マイク**とがある。周囲の音声を録音するときには，無指向性マイクを用い，特定の方向からの音声を入力するときには，単一指向性マイクを用いる。

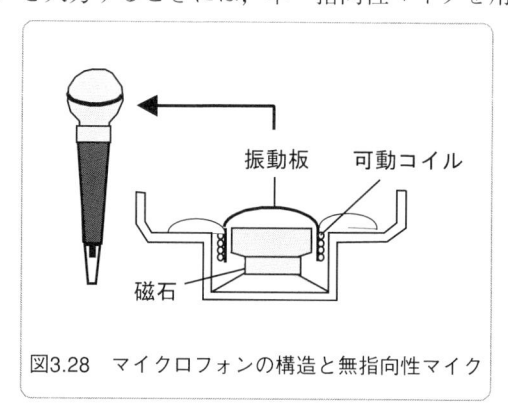

図3.28　マイクロフォンの構造と無指向性マイク

(2)電子楽器

　MIDI対応の電子楽器は，演奏してコンピュータに音を入力することができる。シンセサイザなどの鍵盤が付いた電子楽器(図3.29)を用いてコンピュータに入力された音は，シーケンスソフトを使ってMIDIデータに変換されて記録される。これをリアルタイムレコーディングという。MIDIデータとして保存されているので，編集や記録が可能になる。

図3.29　電子楽器

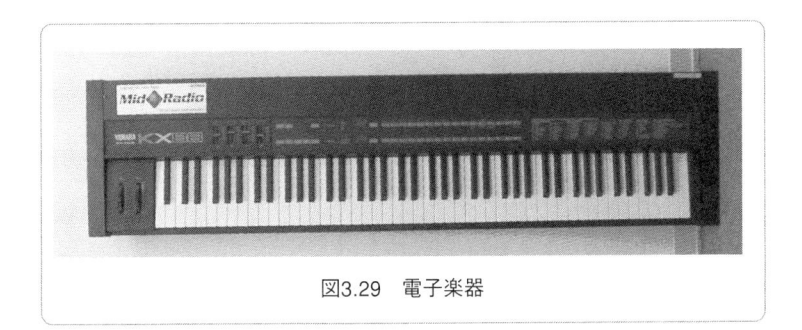

(3)音声入力装置

　人の声をマイクで入力することによって，言葉を判別して文字データに変換する装置である。雑音が入る環境では，特定の音声のみを正確に認識することは難しいが，個人的な声質の違いなどを認識して，認識率を高めるなどの工夫がなされている。コンピュータに音声を入力し，音声認識ソフトウェアを用いて，人の声を文字に変換したり，コンピュータを操作したりすることが可能になっている。

3.3 出力装置

3.3.1 CRTディスプレイ
(1)CRT(Cathode-Ray Tube)ディスプレイの構造

K.F.Broun氏の蛍光体に照射された陰極線発光の発見(1897年)が元になってCRTが作られたため，ブラウン管とも呼ばれている。電子ビームから出された**電子ビーム**(陰極線)が，CRTの壁面にある蛍光面に当たり発光する。カラーディスプレイの場合，図3.30のように，電子銃から発射されたRGB3本の電子ビームが，RGB3色蛍光体に当たり発色する。

偏向ヨークは磁力によって，電子ビームを水平および垂直方向に曲げることができる。電子ビームを曲げることによって，蛍光面に当たる電子ビームを動かし，画面の走査を可能にする。

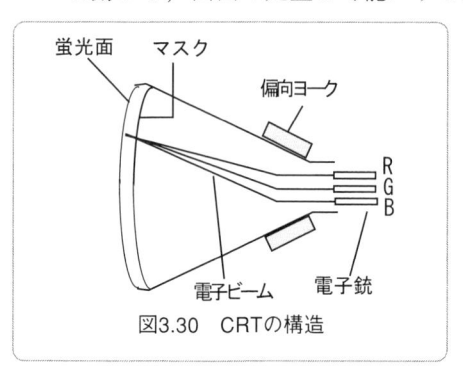

図3.30　CRTの構造

マスクには，シャドウマスク方式とアパーチャグリル方式がある。

(2)マスク
(i)シャドウマスク方式(図3.31)

RGBの電子ビームは，蛍光面に当たる前に，マスクの丸い穴を通過することによって，RGBそれぞれの丸形の蛍光面に達して発色する。輝度(発色の強さ)は，電子銃にかける電圧を調整し，電子ビー

ムの強さを変えることによって調節する。このマスクを採用したCRTをシャドウマスク管と呼んでいる。

(ii) **アパーチャグリル方式**（図3.32）

　RGBの電子ビームは，蛍光面に当たる前に，マスクの細長いスリットを通過する。蛍光面も，RGBの蛍光体が縦長の帯状になっている。この方式のCRTの種類としては，トリニトロン管やダイヤモンドトロン管などがある。

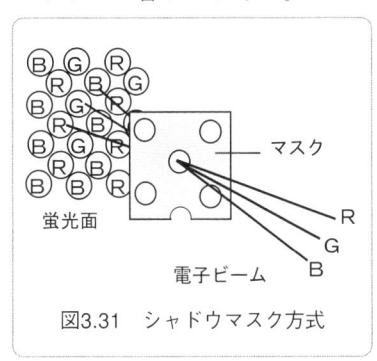

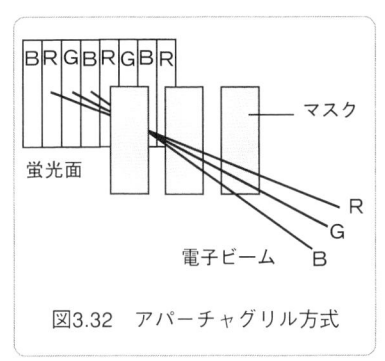

図3.31　シャドウマスク方式

図3.32　アパーチャグリル方式

(3) 走査

　電子ビームは偏向ヨークによってその進路を曲げられ，蛍光面の左上から横向きに移動する。それに連れて蛍光面は発色する。右端に達すると，1ライン下に移って同様に移動する。このような電子ビームの移動を走査という。画面最下のラインの走査が終わると，再び左上に戻り，走査は繰り返される。1秒間に行う水平走査（画面の左端から右端までの走査）の回数を**水平同期周波数**（およそ30〜85kHz）という。また，1画面全体の走査を1秒間に何度行うかを**垂直同期周波数**といい，一般に70Hz以上である。この1秒間の画面の書き換えを**リフレッシュレート**ともいう。

　インターレース方式は，まず奇数行の走査を行い，次に偶数行の走査を行うというように，水平走査を1行飛びに行う方法をいう。また，**ノンインターレース方式**は，上から順に1行ずつ走査を行う。テレビ画面はインターレース方式，コンピュータ画面はノンイ

ンターレース方式が多い。

(4)ドットピッチと解像度

　RBG 1組の蛍光体の幅を**ドットピッチ**という。17インチのCRTディスプレイでは画面の横方向の長さは約32cmであるので，ドットピッチが0.25mmの場合，1280ドットほどである。このドットピッチが小さいほど，画像が鮮明になる。なお，日本ではCRTディスプレイのサイズはCRT自体の対角線の直径を示しており，実際に画面に表示される長さはそのサイズより短い。

　一方，ディスプレイに表示する画像の**解像度**は，ディスプレイ表示の横幅と縦幅を分割する画素数で示される。解像度図3.33に示すようにさまざまである。上記のドットピッチの数と，解像度は必ずしも一致するとは限らず，同じ大きさの表示画面に，解像度を変えて画像を表示することは可能である。

(5)表示のゆがみ

　CRTの蛍光面は球面体ではないため，電子銃から蛍光面までの距離が異なる。そのため，一定の速度で電子ビームを動かすと，画面の中央より画面の端を走査する速度が速くなり，図3.34のように，表示する画像にゆがみが生じる。また，色のずれ(コンバージェンスのずれ)や焦点のずれが生じることになる。そこで，画面の位置によって走査の速度を変えたり，偏向角度を調節したりして，表示のゆがみを補正するように工夫している。

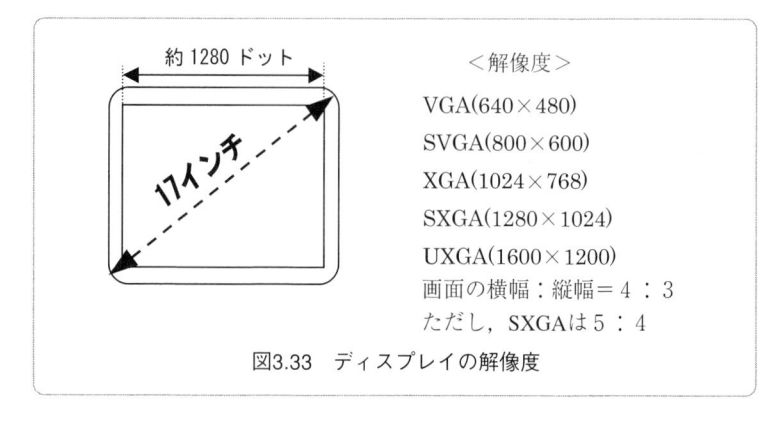

```
約1280ドット
17インチ
```

<解像度>
VGA(640×480)
SVGA(800×600)
XGA(1024×768)
SXGA(1280×1024)
UXGA(1600×1200)
画面の横幅：縦幅＝4：3
ただし，SXGAは5：4

図3.33　ディスプレイの解像度

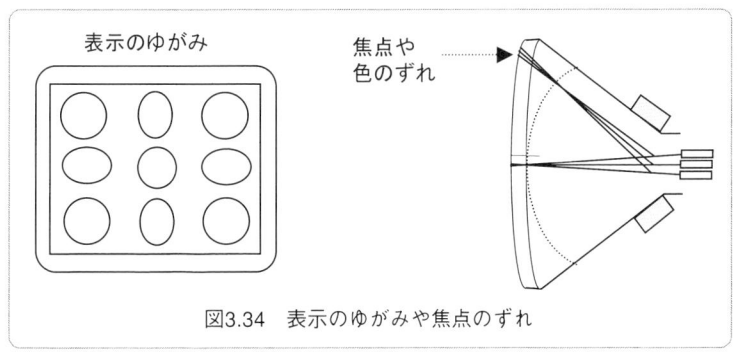

図3.34　表示のゆがみや焦点のずれ

●練習3.8
1) CRTの画面をカメラで撮影すると，現像した写真に横向きに黒いラインが入っていた。その理由をCRTの走査の観点で答えなさい。
2) 表示のゆがみを補正する方法にはどのようなものがあるか，答えなさい。

3.3.2　液晶ディスプレイ
(1)表示のしくみ

　出力機器として，CRTディスプレイとともに液晶ディスプレイが利用されている。液晶は，分子が規則的に配列しており，電圧をかけると分子の配列が変化する。液晶ディスプレイの基本構造を図3.35に示す。

　偏光板Aと偏光板Bの間にある液晶分子の配列は，図に示すように，偏光板Bに到達するまでに90度向きを変えている。偏光板は一方向の光しか透過しないので，偏光板Aを通過した光は，縦方向の光だけになる。

　しかし，この液晶の分子配列の回転に沿って，光の振動方向も90度回転し，横方向の光を透過する偏光板Bを透過するので明るい。

　一方，偏光板間に電圧をかけると，液晶分子は，中央の図のように平行に整列する。そのため，光の振動方向は変化せず，偏光板B

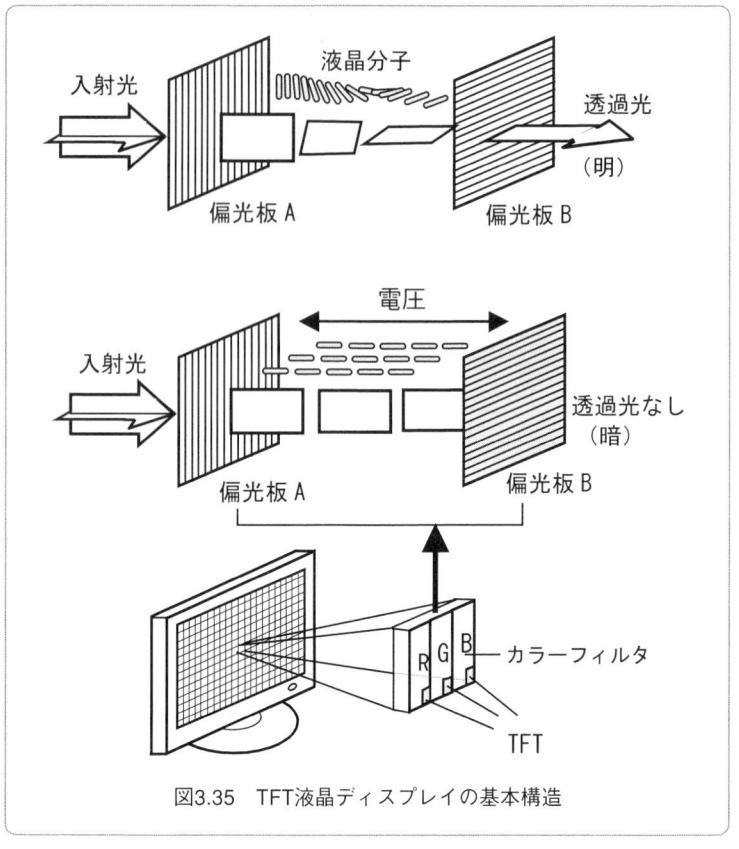

図3.35 TFT液晶ディスプレイの基本構造

を透過することができない。このため、画面は暗くなる。このように、偏光板間にかける電圧を制御することによって、透過光を調節できる。

(2)TFT液晶ディスプレイ

TFT(Thin Film Transistor)液晶ディスプレイの場合、ディスプレイの1画素は、図3.35のように3つの液晶単位に分割されており、RGBのフィルタが付けられている。各液晶単位には、1つずつトランジスタが付けられており、各液晶に加えた電圧が保持されるため、表示が鮮明である。各液晶単位は、ビデオカードのVRAM（Video RAM）のデータに基づいて電圧が加えられ、RGBが個々の強さで発色する。人間の目には、RGBの光が合成された色(カラー)と

して認識される。

　液晶ディスプレイの場合，CRTのように走査を行わないため，表示のゆがみがない。また，VRAMの1画素のデータが，そのまま，液晶の1画素のデータになるため，表示が鮮明である。

●練習3.9
1) 解像度がXGAのカラーTFT液晶ディスプレイの場合，何個のトランジスタ(TFT)が必要か。
2) 1)のディスプレイの解像度をVGAに変更すると，表示画像の面積は約何％になるか答えなさい。
3) CRTと比較した場合の液晶ディスプレイの利点を，箇条書きしなさい。

3.3.3　プリンタ

　プリンタは，文字や画像を紙に出力する情報機器である。印字のしくみにより，インパクト型プリンタとノンインパクト型プリンタに分けられる。

　インパクト型プリンタは，原理的には，紙に印鑑を押すように，紙に文字や記号を印字していく。タイプライタのように，紙に活字を押し当てて印字する方法と，ドットインパクトプリンタのように，文字や記号を小さな点を打ち付けて印字する方法とがある。図3.36は，ドットインパクトプリンタのしくみと印字イメージである。ドットインパクトプリンタは，印字ヘッドのニードルピンがインクリボンの上から紙を打ち付け，点(ドット)の集合体として文字や図形を表現する。現在でも，伝票の印刷など，用紙を数枚重ねた複写用の連続紙に印字する場合などに用いられている。

　ノンインパクト型プリンタには，(1)感熱方式のプリンタ，(2)熱転写プリンタ，(3)インクジェットプリンタ，(4)ページプリンタなどがある。

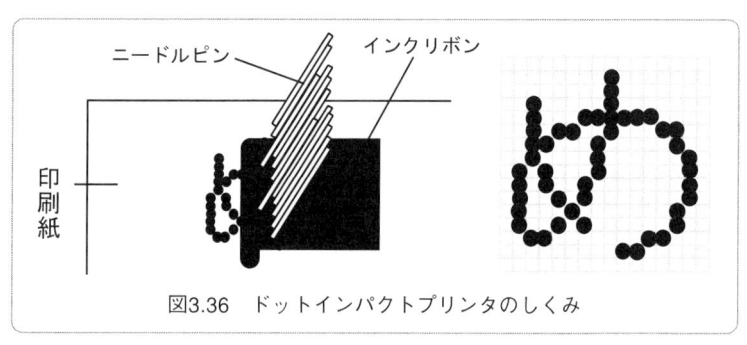

図3.36　ドットインパクトプリンタのしくみ

(1) 感熱方式

　感熱方式のプリンタは，FAXの印字に用いられている。熱すると黒く変色する**感熱紙**を用い，一列に並んだ細い発熱体(リニアサーマルヘッド)のうち，発熱した部分の感熱紙が黒く変色する(図3.37)。感熱紙を移動させながら，1列ずつ印字していく。1つの発熱体の幅は，0.1mm〜0.2mmほどで，1500個〜2000個ほどの発熱体が並んでいる。

(2) 熱転写プリンタ

　熱転写プリンタは，**サーマルヘッド**に熱を加え，インクリボンのインクを溶かして用紙(普通紙)に付着させる原理で印字する(図3.38)。1行印字すると，1行分紙を進めて次行を印字する。サーマルヘッドには，通常24個の発熱体があり，発熱する位置を変えながら印字していく。この方式では，一度利用したインクリボンは再利用することができず，インクリボンの消耗が激しい。カラーのインクリボンもでき，黒，イエロー，シアン，マゼンタの4色を使ってカラー印刷も可能になった。

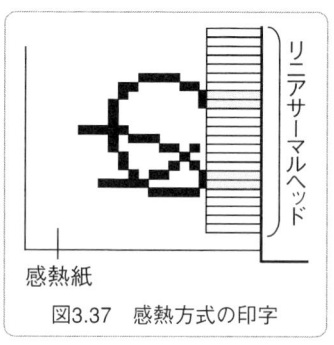

図3.37　感熱方式の印字

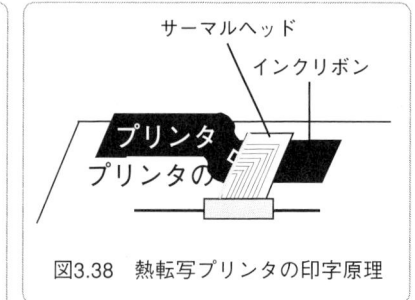

図3.38　熱転写プリンタの印字原理

(3)インクジェットプリンタ

プリンタヘッドに小さいノズルが多数あり，インクの粒子を紙に吹き付けることによって印字する。この方法には，次の2つがある。

ピエゾ方式では，加える電圧によって体積が増減するピエゾ素子を用いる。図3.39のように，電圧によって体積が増加し，インク室内のインクを押し出す。加える電圧を調節することによって，押し出すインクの量も調節することができる。

サーマルインクジェット方式は，ノズルの各インク室に発熱体が付けられている。この発熱体の加熱によって，インク室内のインクが沸騰し，その気泡が大きくなることで，インクをノズルから押し出す。

インクを噴出する速度は非常に速く，1秒間に10000粒子ものインクを噴出させることができる。カラーインクジェットプリンタの場合，黒のほか，**シアン**(Cyan：水色)，**マゼンタ**(Magenta：赤紫)，**イエロー**(Yellow：黄色)の合計4色のインクを使用する。

シアンとマゼンタを混ぜると青色になり，マゼンタとイエローを混ぜると赤色，イエローとシアンを混ぜると緑色になる。3色の混ぜる濃度を調節するとフルカラーで印刷が可能である。3色の濃度は，インク粒子を噴射する回数や，用紙に付着するドットの大きさを変えることによって表現する。また，3色とも混ぜると黒色になるが，黒色のインクを個別に用いるプリンタが多い。

インクジェットプリンタでは，インクの乾燥によるノズルの目づまりが問題となってきた。印刷が終わると，インクカートリッジは端に移動して，ノズルにはキャップがかぶせられ，定期的にクリーニングを行うことによって，目づまりを防いでいる。

印刷の品質を向上させるために，即乾性のインクを開発する，色を重ねる必要がない白黒印刷には紙ににじみにくい**顔料インク**を利用し，インクを重ねるカラー印刷には**染料インク**を利用するなどの工夫を行っている。また，シアン，マゼンタ，イエローに加えて，

ライトシアン，ライトマゼンタなどのうすい色のインクを用いて，滑らかで鮮明な印刷を得ることができるようになった。

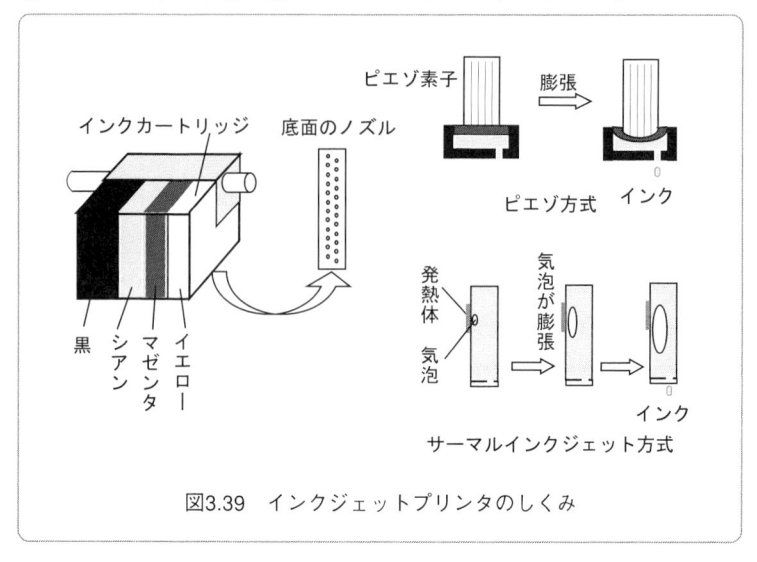

図3.39　インクジェットプリンタのしくみ

(4)ページプリンタ

(1)～(3)までの，1行ずつ印刷するラインプリンタに対して，複数行を一度に印刷することができるプリンタをページプリンタという。ページプリンタは，図3.40の6つのステップを経て印刷する。

まず，(ア)のように，プリンタ内の感光ドラムを，通常，マイナスの電荷で帯電する。次に，(イ)のように，レーザーや**LED**(Light Emitting Diode)を用いて表面に光を当て，表面に文字や画像を形成する。光を照射した部分だけ，マイナスの電荷がなくなる。

次に，(ウ)のように，**トナーカートリッジ**にあるトナーを表面に付着させる。トナーはマイナスに帯電しており，(イ)の露光で形成した文字や画像の部分に付着する。次に，(エ)のステップで，プラスに帯電した紙を感光ドラムに押し付けて，表面に付着したトナーを紙に転写する。

最後に，(オ)のように，加熱，加圧してトナーを紙に定着させ，(カ)のステップで，感光ドラム上の余分なトナーを取り，静電気を

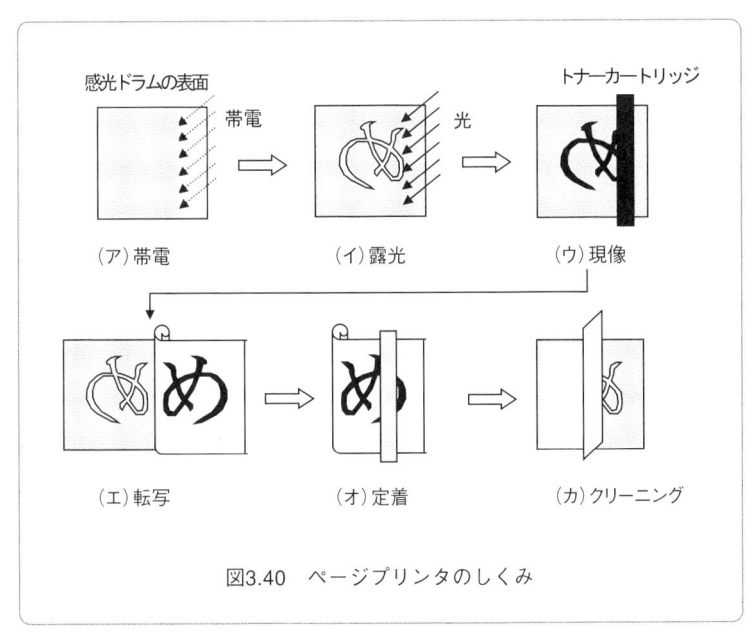

(ア)帯電　　　　　　(イ)露光　　　　　　(ウ)現像

(エ)転写　　　　　　(オ)定着　　　　　　(カ)クリーニング

図3.40　ページプリンタのしくみ

除去する。

(5)印字データの流れ

ワープロなどのソフトウェアで作られた文字コードなどのデータは，各プリンタ固有のプリンタドライバに送られ，印刷データに変換され，圧縮されてプリンタに送られる。データをプリンタへ転送するインタフェースとしては，**IEEE1284**(パラレルインタフェース)が用いられてきたが，**USB**などの汎用的なインタフェースを用いるプリンタが増えてきた。

プリンタに送られた印刷データは，コントローラで解凍されてビットマップデータに変換され(**ラスタライズ**という)，(1)～(4)で述べたような印刷部に送られて印字される(図3.41)。

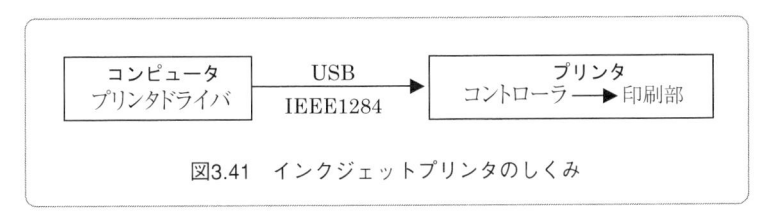

図3.41　インクジェットプリンタのしくみ

(6)プリンタの解像度とフォント

プリンタの解像度は，1インチ（＝2.54cm）あたりのドット数で表わされる。600dpiのプリンタの場合，1ドットの間隔は0.042mmである。CRTの**ドットピッチ**が約0.25mmであることを考えると，解像度が高いことがわかる。したがって，文字フォントも，ディスプレイに表示するより，印字する方が**ジャギー**（ギザギザ）が少ない。

ディスプレイや，ドットインパクトプリンタ，熱転写プリンタでは，図3.42(a)のように，ドットの粗い**ビットマップフォント**を用いる。しかし，インクジェットプリンタやページプリンタの場合は，True TypeフォントやPost Scriptフォントのような**アウトラインフォント**を用いる。アウトラインフォントの場合は，数式でフォントを表現するため，拡大・縮小が可能である。ただし，アウトラインフォントを用いても，印刷時にはビットマップデータに変換されて印字される。

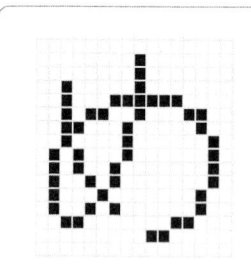

(a)ビットマップフォント　　(b)アウトラインフォント　　(c)ビットマップデータ
（ディスプレイ表示）　　　　（印字用）　　　　　　　　（印字時）

図3.42　文字フォントと表示のしくみ

●練習3.10

1) ドットインパクトプリンタ，熱転写プリンタ，インクジェットプリンタ，ページプリンタの4種類のプリンタの特徴をあげ，比較しなさい。

2) 600dpiのプリンタで，横15cm×縦25cmの範囲一面に印刷を行うとき，全体で何ドットの印字を行うかを答えなさい。

3.3.4 スピーカ

　サウンドカード等からのアナログの音声信号が入ると，アンプで増幅する。アンプで増幅された音声の電気信号が可動コイルに流れると，その大きさに応じてコイルは磁力を生じ，磁場の中で揺れ動く。その動きによって，コーンが振動し，空気を振動させて音を発生する。

　音質を高めるため，大きさの異なる複数のスピーカユニットが付いている場合が多い。**ツイータ**は高音再生用であり，**ウーハ**は中低音再生用のスピーカユニットである。スピーカの箱も**エンクロージャ**と呼ばれ，音質を高める工夫がなされている。

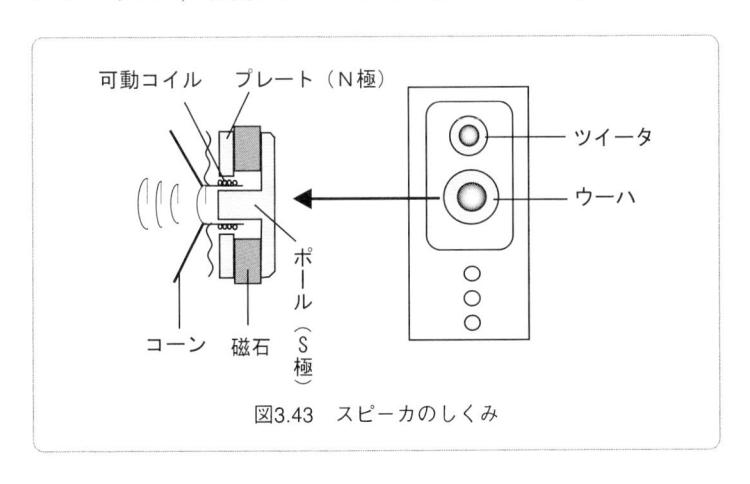

図3.43　スピーカのしくみ

3.4 補助記憶装置

3.4.1 補助記憶装置の種類

補助記憶装置は**外部記憶装置**(External Storage)とも呼ばれ，主記憶装置へデータやプログラムを受け渡しする。この補助記憶装置は，レーザ光を用いる光ディスクと，磁気によってデータを読み書きする磁気ディスク等に分類される。

また，CD-ROMやDVD-ROMのような読み取り専用のものと，ハードディスクやMOのように記録が可能なものがある。記録が可能な媒体は，コンピュータの電源を切ってもデータを保持するので，電源を切る前に主記憶装置からデータを書き込むことによって再利用を可能にする。

利用者が自由にデータを書き込むことができる補助記憶装置には，表3.2のようにさまざまな種類があり，記録のしくみも異なる。用途によって使い分けられている。

3.4.2 光ディスク

(1) CD-ROM

CD-ROMは記憶容量が650～700MBと大きく，軽くて持ち運びもたやすい。また，読み取り専用で劣化も起こりにくいため，ソフトウェアや音楽等の記憶媒体として広く用いられている。

CD-ROMでは，図3.44のようにピットと呼ばれる突起と，突起がないランド部の2つの状態を記録層に作り，データをディジタルで表現している。CD-ROMの表面にレーザ光を当て，反射する光の状態でデータを読み取る。

CD-ROMの反射層には，**ピット**(突起)が形成されている。ピット

表3.2 補助記憶装置の記録方式としくみ

記録方式	記録のしくみ	記憶媒体の例
(a)熱変形記録	レーザービームの熱でピット（小突起）を形成する。	CD-R，DVD-R
(b)相変化記録	レーザービームを用いて，2種類の相状態に変化させる。	CD-RW，DVD-RAM，PD
(c)光磁気記録	レーザービームによる加熱後，磁化する。	MO,MD等
(d)磁気記録	ディスクの磁性体を磁化する。	フロッピーディスク，ハードディスク，Zip等

(注)補助記憶装置には，上記のほかに，小型の**スマートメディア**，**コンパクトフラッシュ**などの**フラッシュメモリ**がある。フラッシュメモリは，メモリチップにデータを読み書きする。

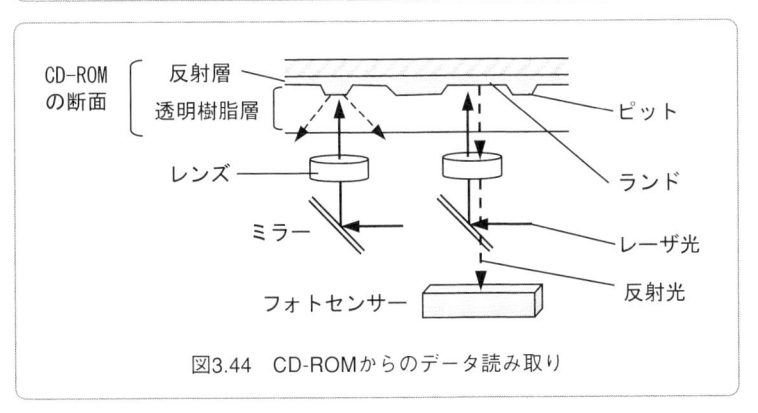

図3.44 CD-ROMからのデータ読み取り

部分にレーザ光が当たると，反射光は乱反射する。しかし，平坦な**ランド**部分にレーザ光が当たると，正常に反射してフォトセンサーに入力される。したがって，ピット部分は「0」，ランド部分は「1」というように読み取ることができる。ピットの長さやランドの長さの違いにより，データを読み取っていく。

DVD-ROMは，片面に4.7GBのデータを記録することができ，大容量のデータを必要とする映像の録画等に利用されている。DVD-ROMの場合，データを記録するトラックの幅をCD-ROMの半分程度にして，さらに，記録層を2層にする，両面に記録するなどして記録するデータ量を増加させている。

(2) 熱変形記録方式

熱変形記録方式でデータを記録する場合，図3.45のように，レーザ光で有機色素層を変質させる。データの読み取りは，レーザ光の反射光の強さによって行われる。変質した部分は反射光が弱く，変質していない部分は反射光が強い。その反射光の強弱によってディジタルデータを読み取る。

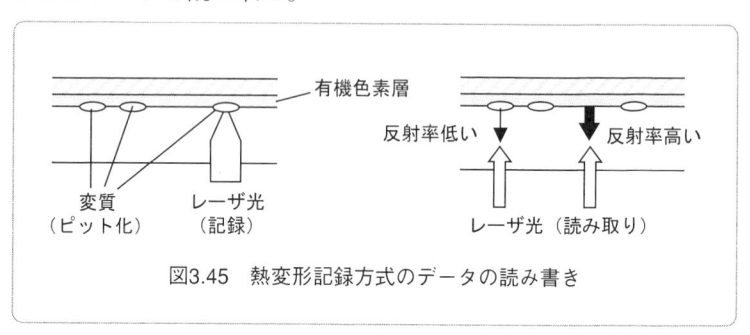

図3.45 熱変形記録方式のデータの読み書き

(3) 相変化記録方式

相変化記録方式でデータを記録する場合，図3.46のように，レーザ光を当てたときの熱の高低によって，合金で作られた記録層の相（結晶の状態）が変化する。高温(600℃)で当てて冷却すると非結晶（**アモルファス**）になり，低温(400℃)で当てて冷却すると結晶（**クリスタル**）になる。結晶部分と非結晶部分にレーザ光を当てたときの反射光の強さによって，データを読み取る。

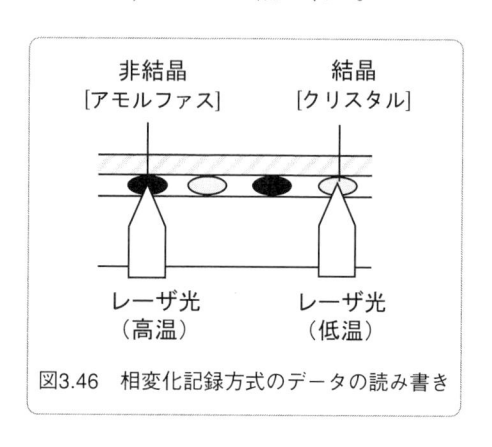

図3.46 相変化記録方式のデータの読み書き

3.4.3 磁気ディスク

ハードディスク(HD)や**フロッピーディスク**(FD)は，磁気を利用してデータを読み書きする。図3.47のように，ハードディスクの内部は，数枚のディスクを重ねて配置しており，各ディスクには，データを読み書きするためにアームとその先端に磁気ヘッドがある。

ディスクには，磁気の方向によってデータが記録される。データは，同心円状に記録され，その1周を**トラック**という。トラックの数は，数千にも上る。記録されているデータは，**クラスタ**という単位で管理され，クラスタは，さらに複数のセクタから構成されている。現在，おもに用いられているディスク管理方法(FAT32形式)では，1クラスタは**8セクタ**から構成され，1セクタは**512バイト**である。なお，ディスクのフォーマットは，このようにクラスタやセクタに区分してデータを管理し，記録することができるようにする作業である。

データを読み書きするときは，まず，その位置の情報を記述した部分(FATやディレクトリと呼ばれる部分)を読み取り，アームを移動させて磁気ヘッドでデータを読み書きする。ディスクは高速で回転しており，その影響で磁気ヘッドはわずかに浮上して移動する。目的の位置に移動する時間を**シークタイム**といい，10ms以下という速さで移動する。

データを書き込む場合は，記録する位置に磁気ヘッドを移動させ，磁気ヘッドに電流を流し，その磁力でディスクの磁気の向きを変える。また，データを読み取る場合は，磁気ヘッドをディスクに近づけて移動すると電流が生じるが，その際に磁気の向きによる電圧の差を読み取る。

フロッピーディスクも，ハードディスクと同様にデータを読み書きする。フロッピーディスクの場合，一般には両面で160トラック

あり，1トラックは，通常18セクタ（1セクタは512バイト）でフォーマットする。なお，フロッピーディスクの場合，クラスタはない。

　MOやMDなどの**光磁気記録方式**の場合も，同様に磁気でデータを読み書きする。ただし，レーザ光で加熱することによって磁気方向を変化させやすい状態にして磁気の方向を変化させる方法をとっている。

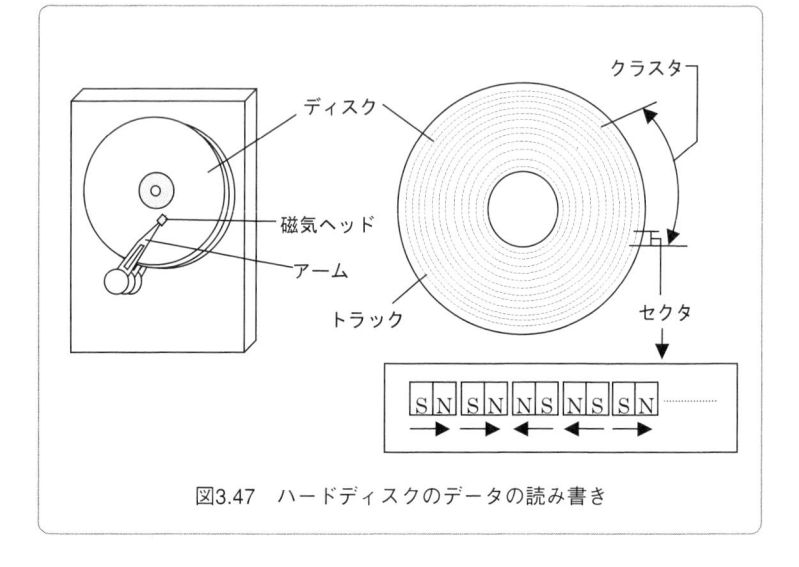

図3.47　ハードディスクのデータの読み書き

●練習3.11
1）フロッピーディスクを18セクタでフォーマットする場合，理論上，何バイトのデータを記録することができるか。
2）20GBのハードディスクをFAT32でフォーマットする場合の，およそのクラスタ数を求めなさい。

第4章
マルチメディア作品の作成（1）

4.1 画像の利用

　情報を伝える場合，文字情報だけより画像情報を入れた方が印象的でわかりやすい。ここでは，あらかじめクリップアートなどで用意された画像やフリーの画像を使うのではなく，自分で画像を作成していくつかのファイル形式で保存して利用することを試みる。

　画像作成ソフトは，**ペイント系**と**ドロー系**に分かれており，ペイント系ソフトで作成したデータは**ビットマップデータ**と呼ばれ，各ドットの色情報を保持している。ドロー系ソフトで作成したデータは**ベクトルデータ**と呼ばれ，数式や位置情報を保持している。ビットマップデータ画像を拡大すると，画質が悪くなるが，ベクトルデータ画像は拡大しても画質は同じである。

　静止画を作成するには，まず作成するキャンバスの大きさを決める。次に，画像を作成するためのいろいろな部品を作っておき，それらの部品をコピーして貼り付けたり，回転させたり伸縮して利用するとよい。

4.1.1　ペイントの利用

　Windowsに付属しているペイントは，ペイント系ソフトである。ここでは，まずペイントを用いて静止画を作成してみよう。

＜例題4.1…静止画の作成と保存＞

　ペイントを用いて図4.1のようなクリスマスカードを作成し，"rei1.bmp"というファイル名で保存してみよう。

図4.1 クリスマスカード

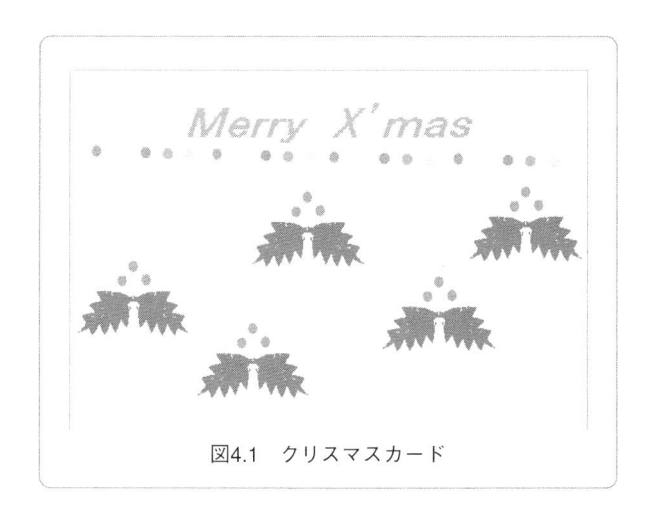

<処理手順>

(1) ペイントを起動して画像を作成するには，作成する画像の大きさを決めなければならない。このソフトでは，「変形」から「キャンバスの色とサイズ」を選択する。このとき，背景を不透明にするなら，「背景を不透明にする」にチェックを入れておく。そうでない場合は，背景が透明になる。

(2) キャンバスの幅と高さを指定する。キャンバスの大きさは，ピクセルが基本となっているが，センチやインチでも指定できる。この場合，指定したサイズをピクセルに変換するので，値が変わる場合もある。幅600ピクセル，高さ400ピクセルを入力して，「OK」を押してキャンバスのサイズを決める。ここで，白黒画像にするかカラー画像にするかも指定する。

(3) 図4.2のようなツールボタンから好きなツールを選んで，絵と文字を描く。このツールボタンは有料のソフトの場合，いろいろと用意されているが，基本的なツールは同じである。

(4) 色は図4.3のように，描画色と背景色が選択できる。色の選択には，**カラーピッカー**と呼ばれるツールがついている画像ソフトが多い。

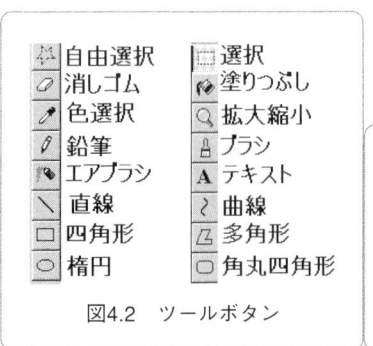

```
┌─────────────────────────┐  ┌──────────────────────────┐
│ 自由選択    選択         │  │ 描画色 色を選択して左クリック │
│ 消しゴム    塗りつぶし    │  │    ■■■■■■■■■■     │
│ 色選択     拡大縮小      │  │    ■■■■■■■■■■     │
│ 鉛筆       ブラシ        │  │ 背景色 色を選択して右クリック │
│ エアブラシ  テキスト      │  └──────────────────────────┘
│ 直線       曲線          │        図4.3 色の選択
│ 四角形     多角形        │
│ 楕円       角丸四角形    │
│     図4.2 ツールボタン    │
└─────────────────────────┘
```

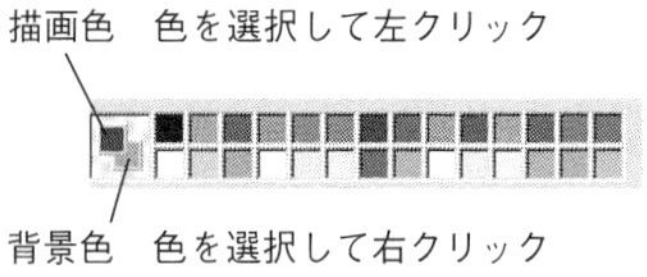

(5) 次に「ファイル」から，新規作成を選択すると，保存ダイアログが表示される。ペイントでは，有料のソフトと異なり，複数のキャンバスを開くことができないことに注意する必要がある。

(6) 新しいキャンバスが，以前に指定した大きさ(幅600ピクセル，高さ400ピクセル)で表示される。もし，キャンバスの大きさを変更したい場合は，「変形」から「キャンバスの色とサイズ」を選択して大きさを指定する。

(7) 図4.4のように，クリスマスカードに必要なパーツを作成する。画像を作成する場合，このようにパーツを作っておくと便利である。必要なパーツを選択し，コピーして，貼り付けると図4.5のように選択された状態になる。図形が選択された状態の場合は，図形の移動が可能である。

図4.4 パーツの製作 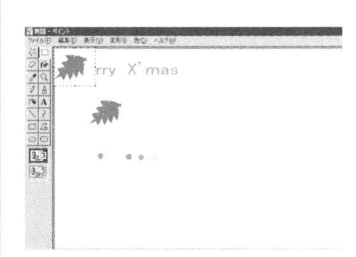　　図4.5 パーツのコピーと貼り付け

(8) コピーしたパーツが選択されていることを確認して,「変形」から「反転と回転」を選択すると,選択画面が表示される。どの画像ソフトでも,選択された図形を回転したり伸縮したりできるようになっている。ここで,回転方向を水平方向に指定することにより,図4.6のようになる。

(9) 図形の範囲が指定されていれば,図4.7のように図形をドラッグして移動させることができる。範囲指定を解除するには,範囲指定以外の場所をクリックするとよい。文字も画像として扱われているので,同様にコピーと貼り付けおよび回転ができる。

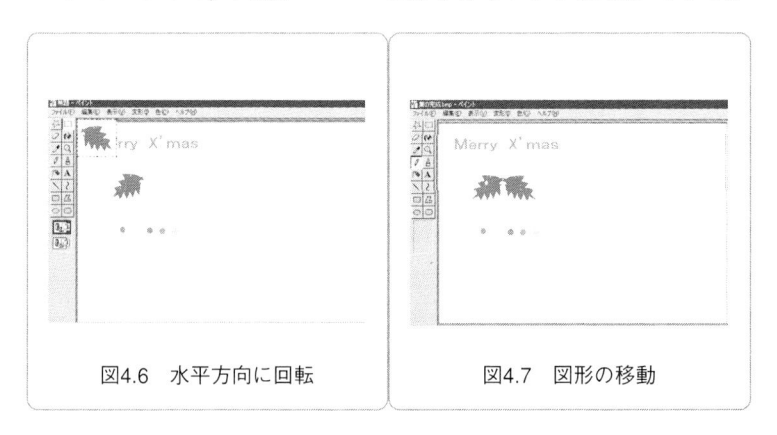

図4.6　水平方向に回転　　　　図4.7　図形の移動

(10) 次に文字を選択し,「変形」から「伸縮と傾き」を選択すると図4.8のような画面が表示される。「伸縮」の水平方向と垂直方向を150%とし,「傾き」の水平方向を20度とすると,図4.9のような文字になる。他の画像ソフトでは,文字が選択された段階で選択範囲のハンドルをドラッグすることにより,文字や画像の伸縮ができるものもある。

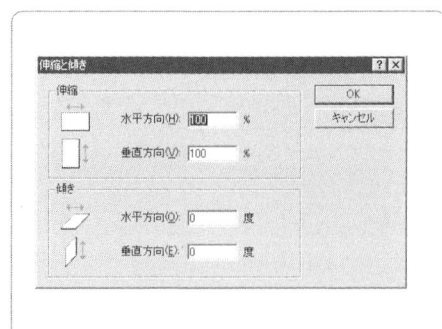

図4.8　伸縮と傾き

図4.9　文字部分の伸縮と傾き

(11) これらの操作を繰り返して行い，図形を選択して場所を移動し，クリスマスカードを完成させる。ここで，パーツが重なった場合は，後で置いたパーツが優先され，前のパーツの一部は消去されることに注意が必要である。パーツの位置が決定するまでは，キャンバスの隅の方に置いておくとよい。作成した画像を，"rei1.bmp"という名前で保存する。

(12) 作成した画像を，"rei1.gif"という名前で保存する。この場合，「カラー情報が失われます」というメッセージが出る。これは，BMPの167万色を256色に落として画像を圧縮するためである。

(13) 作成した画像を，"rei1.jpg"という名前で保存する。この場合も，「カラー情報が失われます」というメッセージが出る。これも，色情報を落として画像を圧縮するためである。

(14) それぞれのファイルの大きさをプロパティで調べ，画質と大きさの比較をする。ペイントでは，画像圧縮を行うとき，一定の圧縮率でしか圧縮できない。

● 練習4.1

図4.10のように各ツールを使って自分の名前を書いてみよう。

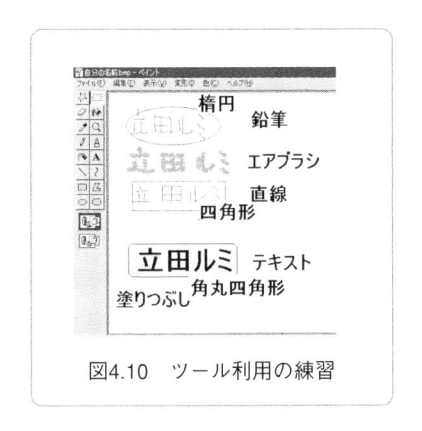

図4.10　ツール利用の練習

● 練習4.2

ペイントで暑中見舞い(誕生日，年賀状)のカードを作ってみよう。

● 練習4.3

練習4.1で作成した画像をBMP，JPEG，GIFで保存し，それぞれの画質を比較し，サイズの一覧表を作ってみよう。

4.1.2　レイヤーの利用

ペイントでは図4.11のような**レイヤー**の機能がないため，作成したパーツを移動して他のパーツの上に重ねると，元のパーツの重なった部分が消去されるという欠点があった。

この欠点をカバーするために，Photoshop, Illustrator, PaintShopProなどの画像ソフトは，レイヤーの機能を持っている。これらのソフトでは，背景画像の上にレイヤーの画像を何枚か重ねて全体の画像を作成するが，それぞれのレイヤーは，**アルファチャネル**を用いて透明にでも半透明にでも指定できるようになっている。レイヤーを重ねて全体の画像が完成した後は，1つの画像として統合して保存する。レイヤー情報を残しておくと，画像の修正が

容易になるが情報量が多くなる。いったん統合した画像は，レイヤーに分割できない。

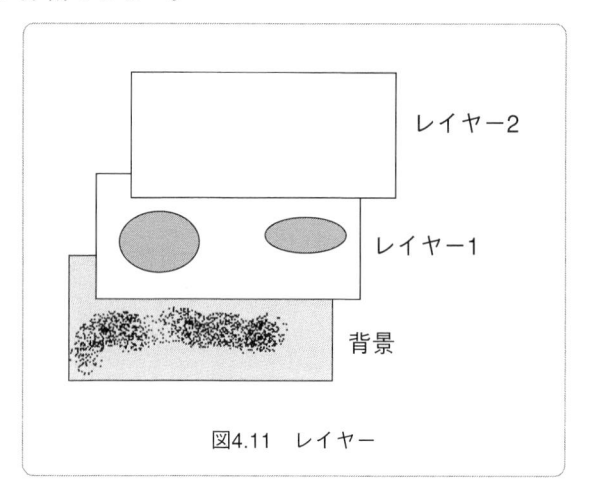

図4.11　レイヤー

Photoshopは，**フォトレタッチ**ソフトとも呼ばれている。レタッチ(retouching)は写真の傷や汚れを取り除くのが主な仕事であったが，デジタル化されてからはかなりの広範囲の画像処理をレタッチと呼んでいる。

＜例題4.2…レイヤーを用いた画像＞

Photoshopを用いて，図4.11のようなレイヤーを用いた画像を作成してみよう。

＜処理手順＞

(1) Photoshopの場合，起動すると図4.12のような画面が表示される。左側にあるツールボックスはペイントと同じようなものもあるが，それぞれのツールの使い方にいろいろな種類が付加されている。ツールボタンを押し続けていると，それらの種類のものが表示されるようになっている。Photoshopのツールを図4.13に示す。

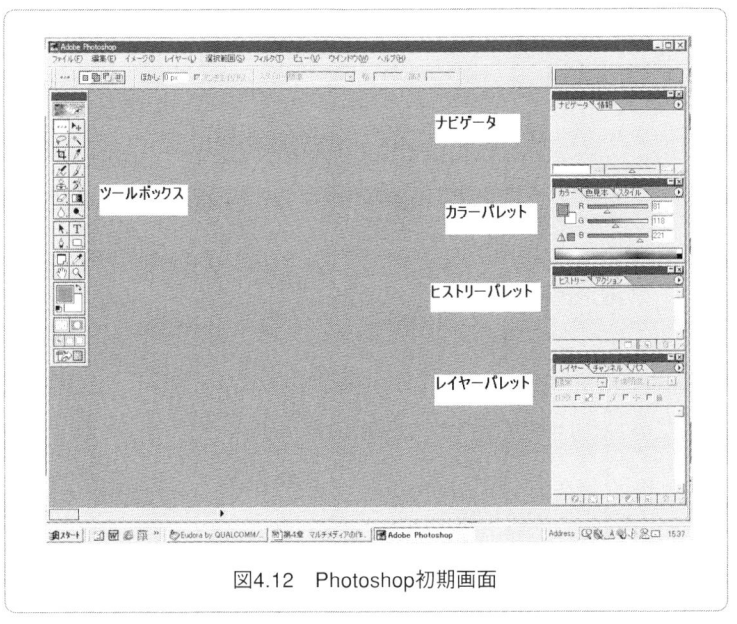

図4.12　Photoshop初期画面

（画面内ラベル：ナビゲータ、ツールボックス、カラーパレット、ヒストリーパレット、レイヤーパレット）

- 短形選択ツール
- なげなわツール
- 切り抜きツール
- エアブラシツール
- スタンプツール
- 消しゴムツール
- ぼかしツール
- パスコンポーネントの選択ツール
- ペンツール
- 注釈ツール
- 手のひらツール
- 移動ツール
- 自動選択ツール
- スライスツール
- ブラシツール
- ヒストリーブラシツール
- グラデーションツール
- 覆い焼きツール
- 文字ツール
- 短形ツール
- スポイトツール
- ズームツール

図4.13　Photoshopのツール

(2) ファイルから新規作成を選択すると，図4.14のような画面が表示される。ここで，画像の幅と高さを指定するのはペイントと同じであるが，新たに解像度と画像モードおよび背景色とファイル名を指定する。画像モードには，**モノクロ2階調，グレースケール，RGBカラー，CMYKカラー，Labカラー**が指定できる。ここでは，ファイル名を"シール"，幅15cm，高さ10cm，解像度72，画像モードをRGBカラーとして設定する。

図4.14 新規作成画面

(3) 設定が終了して「OK」をクリックすると，新規画面が表示される。ここで，画像の背景が透明である場合は，後ろが格子柄になる。この背景画面に画像を作成する。画像を作成する前に，前景色と背景色を指定しておく。

(4) 図4.15のように，前景色または背景色のところをクリックすると，図4.16のようなカラーピッカーが表示される。ここでは，現在選択されている色に関して，RGBカラー，CMYKカラー，Labカラー，カラーナンバー情報が表示されている。色を選択することにより，それぞれの情報が変化する。

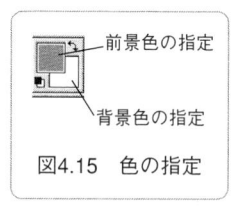

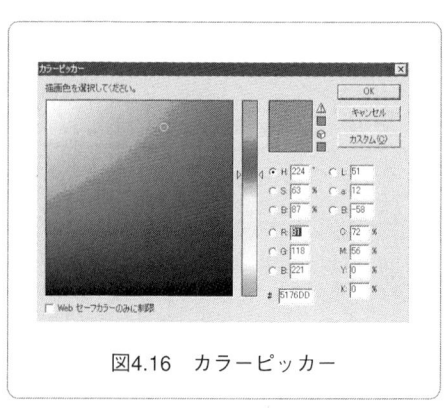

図4.15 色の指定

図4.16 カラーピッカー

(5) 矩形ツールボタンを押し続けると，図4.17のようなツールが選択できる。他のツールもボタンを押し続けることにより，いろいろなツールの選択ができるようになっている。このようなツールは，ソフトの種類やバージョンによって異なる。ここで，「カスタムシェイプツール」を選択し，キャンバスの上をドラッグすることにより図形が描ける。また，メニュー上にある「シェイプ」のところからいろいろな形が選択できる。

(6) 図4.18のように，右真ん中の「スタイルタブ」を用いて，画像の中のスタイルを変化させることができる。この場合，**シェイプ**(形)は異なっていても同じレイヤーにある**スタイル**は同じになる。

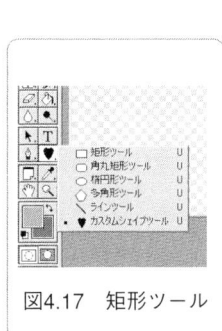

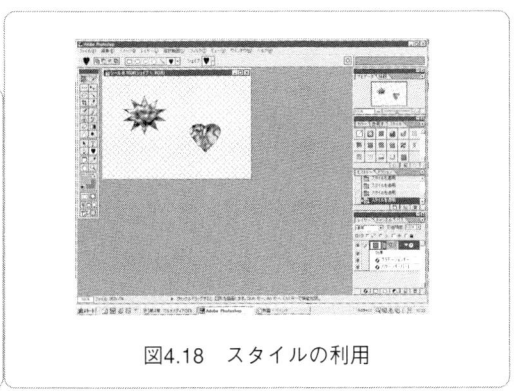

図4.17　矩形ツール

図4.18　スタイルの利用

(7) ここで，図4.19のような**レイヤーパレット**を用いて，新しいレイヤーを追加する。レイヤー1に図4.20のようにグラデーションツールを用いて背景を描く。この場合，レイヤーの不透明度が100％に設定されているので，前に作成した画像は見えなくなる。

レイヤーの追加

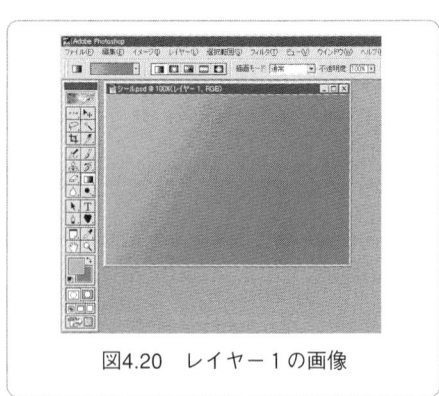

図4.19 レイヤーパレット　　図4.20 レイヤー1の画像

(8) レイヤーパレットの不透明度を図4.21のように60％に指定すると，図4.22のように以前描いた画像が表示される。

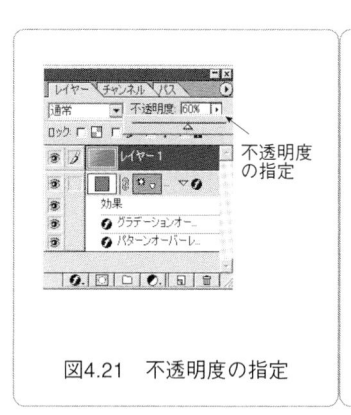

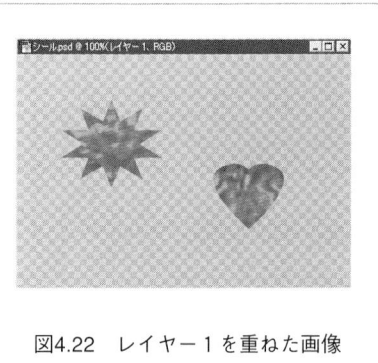

不透明度の指定

図4.21 不透明度の指定　　図4.22 レイヤー1を重ねた画像

(9) 次に，テキスト(文字)を図4.23のように入れる。テキストを選択してレイヤー上でドラッグすると，新しいレイヤー(レイヤー2)が作成される。メニューバーで，文字のフォント，大きさ，文字の配置などを選択できる。文字と文字との間隔(**カーニング**)など詳細な指定をする場合は，メニューバーの「パレット」をクリックすると，図4.24のように表示されて詳細な指定ができる。

図4.23 文字の追加

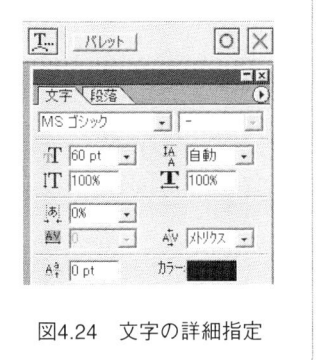

図4.24 文字の詳細指定

(10) 今までの操作内容が図4.25のように，**ヒストリー**として残されていることを確認する。

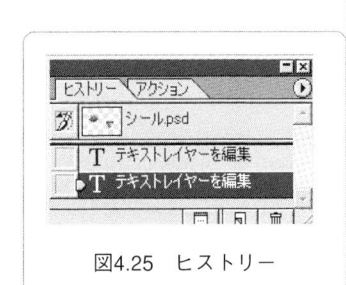

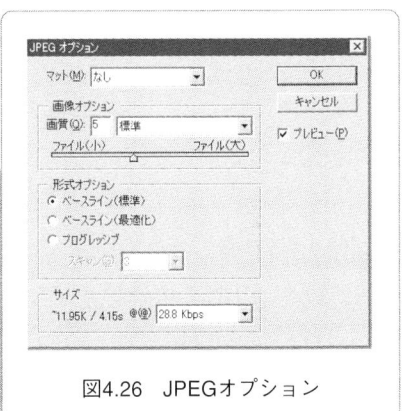

図4.25 ヒストリー

図4.26 JPEGオプション

(11) レイヤーを統合して，1つのファイルとして保存する。この場合，「ファイル」から「別名で保存」を選択し，JPEG形式を指定し「保存」を選択すると，図4.26のように表示される。
(12) JPEG形式は画像圧縮を行うので，画質をどのようにするかによって画像サイズが変化する。画像サイズが確定すると，作成した画像をインターネットでアクセスする場合の時間が表示されるようになっている。「OK」をクリックすると，"シール.jpg"として保存される。

(13)「ファイル」から「保存」を選択して，PSDファイルとして保存する。PSDファイルは，レイヤーやヒストリー情報を保持している。画像を変更する可能性のある場合は，PSDファイルとして保存しておくとよい。

● 練習4.4

PSDファイルとJPEGファイルのサイズを比べてみよう。

● 練習4.5

レイヤーを用いて，ノートまたは本のカバーを作成してみよう。

4.1.3　効果の利用

作成した画像に**フィルタ**を用いていろいろな効果をかけることにより，さまざまな画像を作ることができる。どのような効果をかけられるかは，画像ソフトによって多少異なる。また，同じソフトでもバージョンによって多少異なる。

＜例題4.3…画像に効果をかける＞

例題4.2で作成した画像に，「アーティスティック」と「回転」の効果をかけてみよう。

＜処理手順＞

(1)例題4.2で作成した"シール．psd"を開く。文字のレイヤーを選択し，図4.27のように「フィルタ」から「アーティスティック」を選択し，「粗いパステル画」を選択する。

図4.27　フィルタの選択

(2) 文字はベクトル画像として保存されているが，これをビットマップ画像に変換することを**ラスタライズ**という。ラスタライズされた文字は，文字の変更ができないので注意画面が表示される。

(3) 図4.28のような画面が表示されるので，ストロークの長さ，ストロークの正確さ，テクスチャ（柄や模様），照射方向を指定すると効果をかけた画像が表示される。指定する値が決定したら，「OK」をクリックする。

(4) 今度は背景に効果をかけるために，図4.29のように他の画像の，レイヤーの目のマークをクリックして表示させないようにし，レイヤー1のみを表示させる。

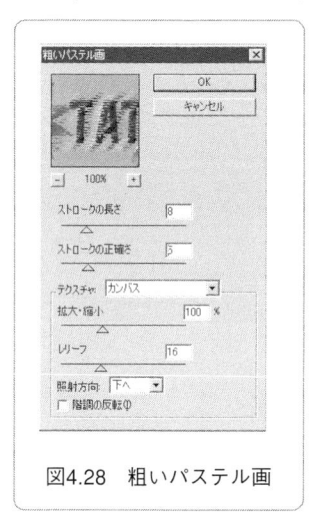

図4.28　粗いパステル画

図4.29　レイヤーの非表示

(5) ここで，「フィルタ」から「変形」を選択し，「回転」を選択すると，図4.30のような画像ができる。

図4.30　背景の回転

●練習4.6

自分の作った画像に，いろいろなフィルタを使って効果をかけてみて元の画像と比べてみよう。

●練習4.7

フィルタのかかった画像と元の画像のサイズの変化を調べてみよう。

4.2 画像の取り込み方法

4.2.1 スキャナによる画像

　画像を作成するには，手書き以外にスキャナから画像を取り込んで利用する方法がある。スキャナを用いると，写真や絵葉書，ポスターなどの絵，文書などの取り込みができる。スキャナにはいろいろなタイプがあり，それぞれのスキャナを利用するにはドライバと呼ばれる画像取り込みソフトが必要となる。スキャナから絵葉書，ポスターなどを取り込む場合，著作権の問題があるので取り込んだ画像を勝手に修正して公開しないように注意する必要がある。また，写真には肖像権があるので，勝手に修正することはできない。

＜例題4.4…スキャナの利用＞

　自分の写真をスキャナで取り込み，編集してみよう。

＜処理手順＞

(1) スキャナに写真を置く。写真を置く場合，マークのある隅に置くとよい。
(2) Photoshopの「ファイル」から「読み込み」を選択する。この例題の場合，EPSONのスキャナに繋がっているので，それが表示される。何も表示されない場合は，スキャナが繋がっていないか，ドライバがインストールされていないかである。
(3) 図4.31のように，スキャナに付属したソフト(スキャナドライバ)が起動し，初期設定のまま**プレビュー**が行われる。このドライバの場合，初期設定のままプレビューが行われるが，プレビューが自動的に行われないものもある。

TWAIN（Technology Without Any Interested Name）は，ヒューレットパッカード社，コダック社などの5社が共同で策定したイメージスキャナやデジカメなどの画像入力装置用**API**（Application Program Interface）およびプロトコルである。

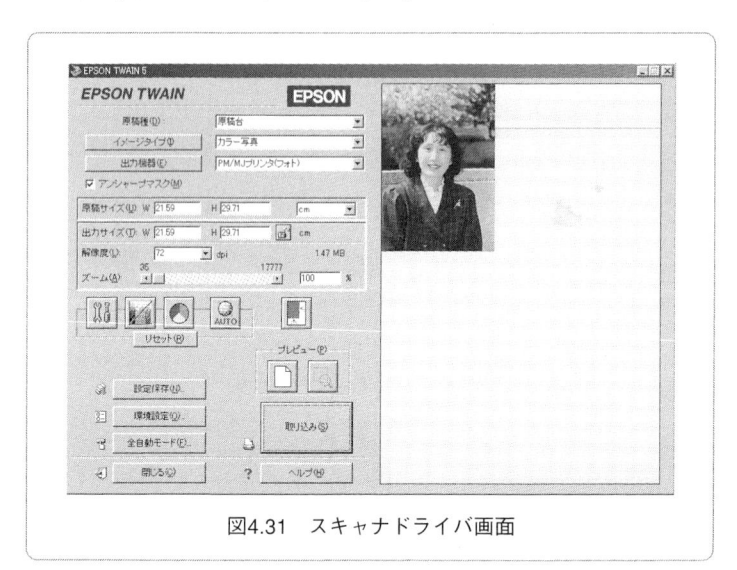

図4.31　スキャナドライバ画面

(4) ここで，イメージタイプを選択し，原画サイズを決める。原画サイズは，右側の画像の上で指定できるようになっている。そして解像度を選択する。解像度は，Webに載せる場合は72dpiを用いるとよい。解像度を大きくすると，取り込みサイズが大きくなるので注意が必要である。イメージタイプと原画サイズと解像度を決定すると，画像のサイズが表示される。

(5) 図4.32のような画面で，取り込む写真などの**露出**，**ガンマ**，**ハイライト**，**シャドウ**を決めることができる。このドライバでは，写真を取り込む前に露出や濃度，色調補正ができるようになっている。

図4.32 イメージ制御画面

(6) 図4.33のような画面で，濃度を決めることができる。図4.34のような画面で，カラー調整ができる。

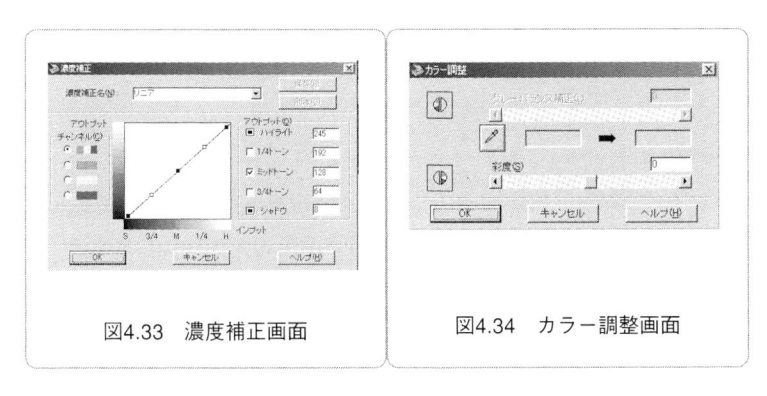

図4.33 濃度補正画面　　　図4.34 カラー調整画面

　このような画像調整は，写真を取り込んでから，Photoshopなどの画像ソフトを用いても可能である。画像調整をいろいろと試してみるとよい。

(7) すべての項目を決定し,「取り込む」を選択すると**スキャン**が始まる。スキャンが終了すると,図4.35のように写真の画像が作成される。ここで顔の部分を選択し,「フィルタ」から「ピクセレート」を選択し,「モザイク」を選択すると,図4.36のようにモザイク模様の画像になる。

図4.35 スキャン画像

図4.36 写真の修整

●練習4.8

スキャナから写真を取り込む場合,解像度を変更して写真を取り込んで,解像度とファイルサイズを比較してみよう。

●練習4.9

スキャナから写真を取り込んで,必要な部分だけ取り出して背景を変更してみよう。

4.2.2 デジカメによる画像

画像を作成するには,デジカメで撮影した写真を直接コンピュータに取り込み,それを編集して利用する方法もある。デジカメにはいろいろなタイプがあり,パソコンに写真を取り込む方法もまちまちである。特別なケーブルでパソコンの**シリアルポート**に接続して取り込むものや,**USB**に接続して取り込むものなどがある。また,特別のメモリスティックから読込むものや,ハードディスクタイ

プのものもある。

一番簡単なものは，フロッピーディスクに写真を保存するタイプであるが，詳細な画像や大きなムービーの保存はできない。最近のデジカメは静止画のみならず，動画や音声も取り込めるようになっている。

＜例題4.5…写真の合成＞

デジカメで撮影したものをコンピュータに取り込んで，2枚の写真を合成してみよう。

＜処理手順＞

(1) デジカメの解像度，フィルムサイズを選択する。
(2) デジカメで撮影する。撮影したものを，マニュアルを見てパソコンに取り込む。
(3) ファイルを開くと，取り込んだものの一覧表が出力される。この場合は，**JPEG**画像として圧縮し，デジカメ内に取り込んでいるので，それが表示される。また，図4.37のように，縮小した画像(**サムネール**)の一覧が出力されるものもある。デジカメを用いる場合，JPEGに圧縮してデジカメ内に保存することが多い。

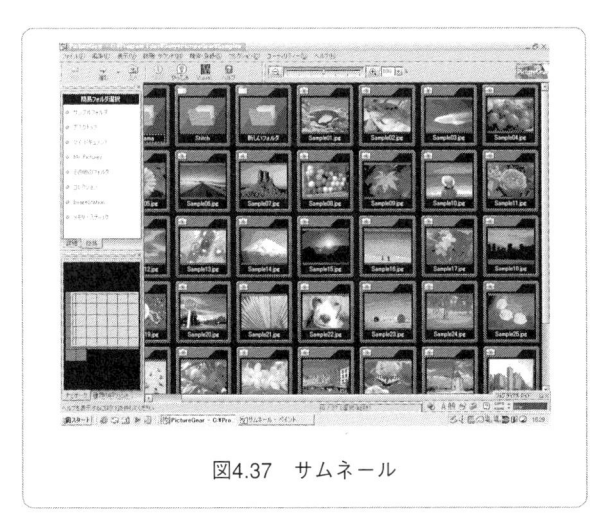

図4.37　サムネール

(4) 図4.38のように，取り込んだ写真を2枚ファイルから開く。1枚目の写真の一部を切り取り，図4.39のように2枚目の写真の範囲を指定して切り取った部分を貼り付ける。一部を切り取る場合，色指定やいろいろな指定ができ，貼り付ける場合も色指定などができる。

図4.38　2枚の写真の取り込み　　　図4.39　写真の合成

(5) 合成した写真を"rei5.jpg"として保存する。

● 練習4.10

デジカメで写真を撮影し，何枚かの写真を合成した画像を作成してみよう。

● 練習4.11

デジカメで写真を撮影し，年賀状やクリスマスカードを作ってみよう。

第5章

マルチメディア作品の作成(2)

5.1 アニメーションの利用

　動かない画像を動いているように見せるのが，アニメーション技術である。人の目に映った映像は，残像現象により数10分の1秒程度映像が残ったままになる。この時点で別の映像に切り替えることにより，映像が動いて見える。

5.1.1 アニメーションGIF

　アニメーションGIFは，小さい頃作ったり使ったりしたことのあるパラパラ漫画のしくみと同じである。アニメーションGIFを作成するには，パラパラ漫画のように何枚かの画像が必要になる。アニメーションGIFは，ホームページに動画を取り入れるために考案されたもので，1つのファイルの中に複数のGIF画像を連続表示させるものである。アニメーションGIFを作成するには，専用のアニメーションGIF作成ソフトを利用する。アニメーションGIFのソフトには無料のものと有料のものがあり，それぞれのソフトの使い方は異なるが，静止画像を何枚か順番に表示させて動きのあるものにする機能は同じである。静止画像を何枚か作成するために，最初に作成した静止画を基本として，位置を動かしたり色を変えたりして数枚の画像を作成するとよい。ここでは，無料で利用できるソフトをインターネットで**ダウンロード**して利用してみよう。

<例題5.1…アニメーションGIFの作成>

　GIF画像を6枚用意し，アニメーションGIFを作成してみよう。

＜処理手順＞

(1) 例題4.1で作成したGIF画像を開く。画像の"Merry X'mas"の部分の色を変えて，"rei1a.gif"という名前で保存する。色の変更は，色塗りツールを使う。もし，色塗りに失敗した場合は，「編集」で「元に戻す」を使えばよい。

(2) 同様に，"Merry X'mas"の部分の色を変えて，"rei1b.gif"，"rei1c.gif"，"rei1d.gif"，"rei1e.gif"，という名前で保存する。

(3) アニメーションGIFを作成するソフトを開く。アニメーションGIFを作成するソフトはいくつか開発されており，無料でダウンロードできる(図5.1参照)。ダウンロードしたソフトは圧縮されているので，ダブルクリックして解凍すると，図5.1のような画面が表示される。

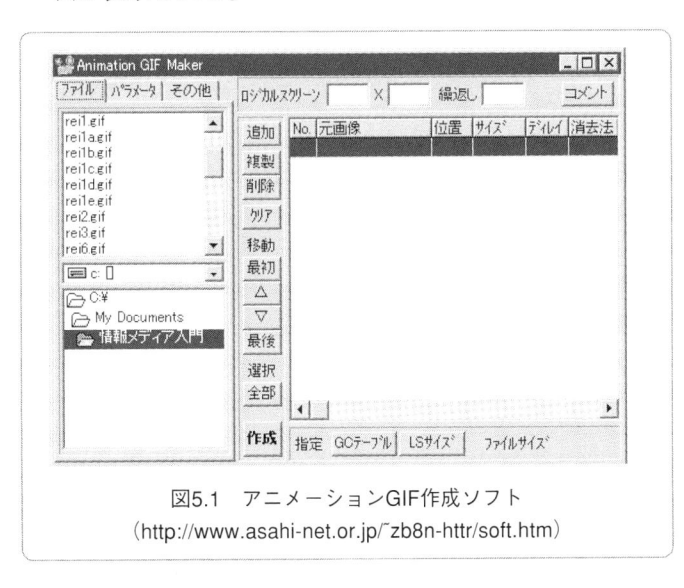

図5.1　アニメーションGIF作成ソフト
(http://www.asahi-net.or.jp/~zb8n-httr/soft.htm)

(4) 利用するファイル名を反転表示させ，追加ボタンで元画像として追加する。「選択」ボタンで「全部」をクリックし，「作成」を押すと，保存ファイル名と保存場所を選択する画面になる。

(5) ファイル名を"rei1.gif"とし，フォルダに保存する。保存したア

ニメーションGIFファイルを見る場合は，その他のタグから「作成画面確認（ブラウザ）」を選択すると，「Internet Explorer」や「Netscape Communicator」などの**ブラウザ**が起動され，アニメーションが表示される。また，保存したアニメーションGIFファイルをブラウザ上に直接**ドラッグ＆ドロップ**してもよい。

●練習5.1

GIF画像を6枚追加しアニメーションGIFを作成して，例題のアニメーションGIFの動きとファイルサイズを比較してみよう。

●練習5.2

Merry X'masの文字の位置をずらして6枚の画像を作り，アニメーションGIFを作ってみよう。

●練習5.3

クリスマスツリーの電球の色を変えて6枚の画像を作り，アニメーションGIFを作ってみよう。

5.1.2　アニメーション作成

前項でも述べたように，アニメーションを作成するには何枚かの画像が必要になる。アニメーションの動きは，それらの画像をどのくらいのスピードで変化させるかによって違ってくる。テレビ画面は，1秒間に約30枚の画像を使っている。この1枚の画像のことを**フレーム**(frame)と呼んでいる。1秒間に30フレームに近いものを使うことによって，アニメーションの動きがスムーズになるが，作成したアニメーション画像のサイズは大きくなる。また，特別なソフトを利用することによって，自動的にアニメーションを作成することができる。

ここでは，Macromedia社のFlashを用いて簡単なアニメーションを作成してみることにする。Flashでは，アニメーションを「ムー

ビー」と呼んでいる。ムービーを作成するには，**タイムライン**に沿って画像を作成するか，最初と最後にのみ画像を作成し，それ以外は自動的にムービーを作成する方法がある。自動作成の場合，場所や大きさを徐々に変化させるもの(**モーション**)と，最初の画像と最後の画像の形を徐々に変化させるもの(**シェイプ**)とがある。画像を徐々に変化させる技術を，**モーフィング**(Morphing)と呼んでいる。

<例題5.2…アニメーション作成>

Flashを用いて，場所と大きさを変化させるアニメーションを作成してみよう。

<処理手順>

(1) Flashを起動すると，図5.2のような画面が表示される。右側に表示されている「色見本」「文字指定」「フレーム指定」などのパネルは，「ウィンドウ」から「パネル」を選択することにより，表示させることができる。

図5.2　Flash初期画面

(2) 図5.2のメニューの「修正」から「ムービー」を選択すると，図5.3のような画面が表示され，アニメーションを行う画面の大きさおよび**フレームレート**を指定することができる。ここで，ムービーサイズを幅600ピクセル，高さ400ピクセル，フレームレートを12にする。これは，1秒間に12フレームの動きを指定している。

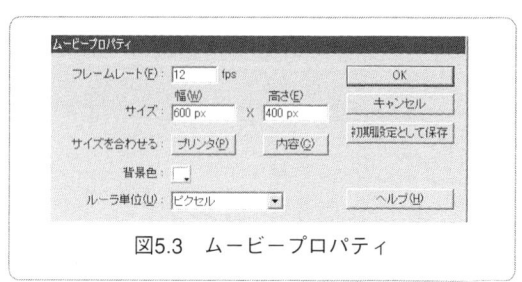

図5.3　ムービープロパティ

(3) 図5.4のようなクリスマスツリーを描く。この場合，ペイントやPhotoshopのようなペイント系のソフトと違って，ベクトル画像として描画される。画像を作成すると，タイムラインの1番目に黒丸が表示される。これは，**キーフレーム**であることを示す。キーフレームは，前のコマと場所や位置を変化させるときに用いる。

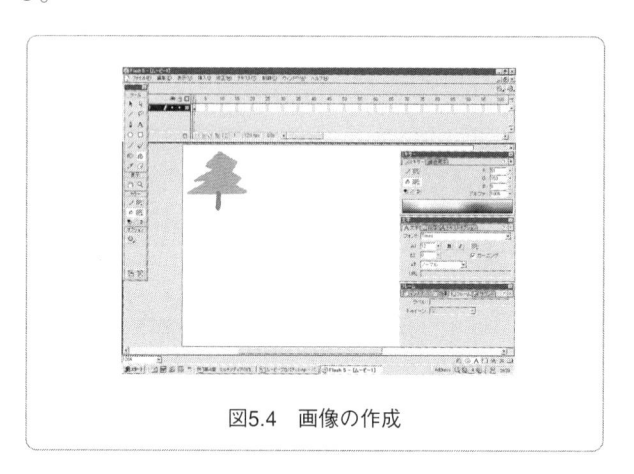

図5.4　画像の作成

(4)「画像」を矢印ツールで選択し,「挿入」から「シンボルに変換」を選択すると,図5.5のような画面が表示される。ここで,「グラフィック」を選択する。**シンボル**は,一度作成すればどのムービーでも再利用できるものである。画像が選択されると点になる。複数の画像を選択する場合は,「Shiftキー」を押しながら選択するとよい。

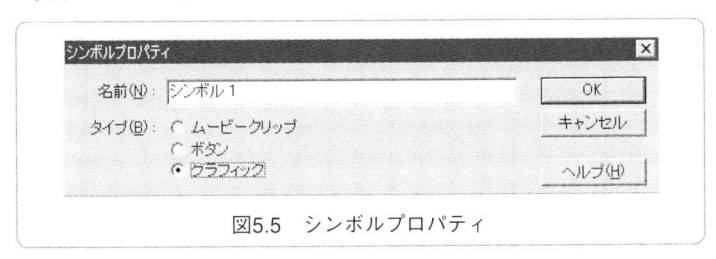

図5.5　シンボルプロパティ

(5) 30コマ目をクリックし,「挿入」から「キーフレーム」を選択する。画像が選択状態(枠)になっているので,画像の位置を右下に移動する。

(6)「修正」から「変形」を選択し,「伸縮」を選択すると図5.6のようにハンドルが表示されるので,画像を拡大する。

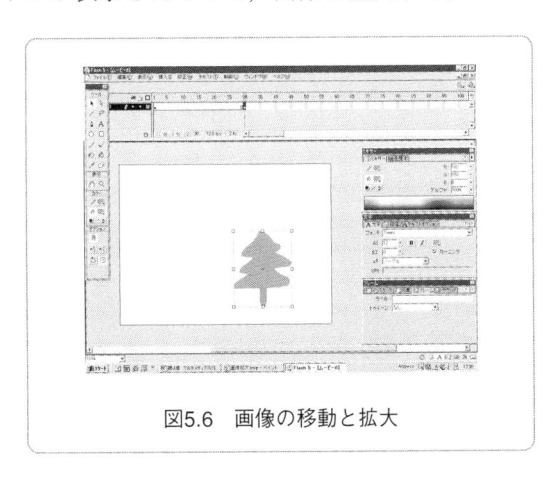

図5.6　画像の移動と拡大

(7) 15フレーム目をクリックすると，図5.7のように「フレーム」の「**トゥイーン**」がアクティブになるので，モーションを選択する。
(8) モーションを選択すると，回転などのメニューが追加される。回転を「時計回り」に選択し，「1回」を入力して「Enterキー」を押すと，図5.8のように画像が回転されて拡大される。

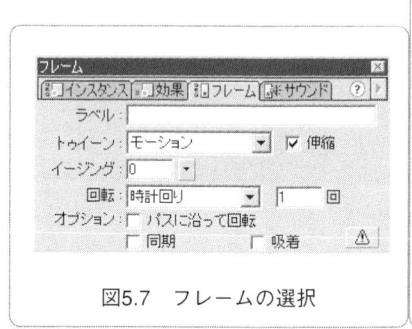

図5.7 フレームの選択

図5.8 画像の回転

(9) ここで，「制御」から「巻き戻し」を選択した後，「再生」を選択するとアニメーションが実行される。
(10)「ファイル」から「保存」を選択すると，"ムービー1.fla"で保存される。この場合は，ムービーファイルを修正できる。「ファイル」から「ムービー書き出し」を選択し，ファイル名を入力（"rei2.swf"）すると，図5.9のような画面が表示される。

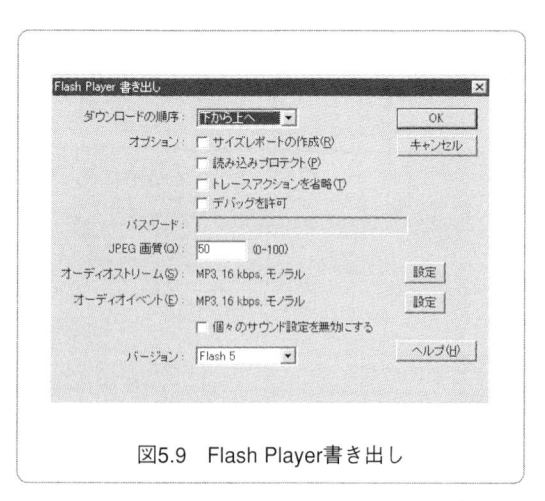

図5.9 Flash Player書き出し

(11) ここでいろいろな設定を行うことにより，Web上に載せるアニメーションのサイズを決定できる。ここでは，"rei2.swf"として保存される。

(12)「ファイル」から「**パブリッシュ設定**」を選択すると，図5.10のような画面が表示される。「ファイル」から「パブリッシュ」を選択することにより，swfファイルとhtmlファイルが自動生成される。

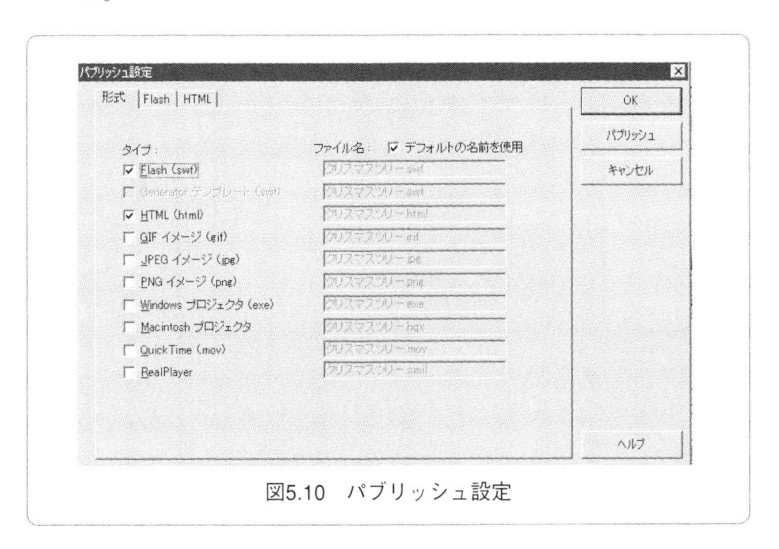

図5.10 パブリッシュ設定

●練習5.4

クリスマスツリーにレイヤーを追加し，"Merry X'mas"の文字を入れてグラフィックにシンボル化し，文字を上から下へ動かしてみよう。

●練習5.5

月と山を描き，時間とともに月の位置を変化させてみよう。

＜例題5.3…モーフィング＞

2つの異なった図形を描き，その図形を徐々に変化させてみよう。

＜処理手順＞
(1) 図5.4のようにクリスマスツリーを描く。
(2) タイムラインの30をクリックし,「挿入」から「キーフレーム」を選択する。
(3) クリスマスツリーを選択して,削除する。図5.11のように,星を描く。
(4) タイムラインの15をクリックし,「フレーム」の「トゥイーン」をシェイプにすると,図5.12のように中間の形になる。

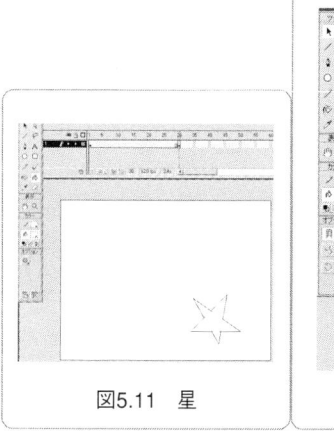

図5.11　星

図5.12　モーフィング

(5)「制御」から「巻き戻し」を選択し,「再生」を選択すると,形が変化していることがわかる。
(6) "rei3.swf"として保存する。

5.2 音声の利用

　音声は，音声ファイルを編集する場合と，音声を読み込んで編集する場合がある。

5.2.1　音声の入力

　音声の入力には内部入力と外部入力があるが，ここでは外部から入力することを考える。音は空気の振動による波の伝道であり，このアナログ情報をデジタル化する必要がある。まず，標本化（sampling）し，次に量子化し符号化することは第1章で学んだ。

　これらの一連の作業は，**サウンドカード**と呼ばれるハードウェアで行っている。音質は，**サンプリングレート**（Hzで表す）によって違ってくる。電話の音質は11.025kHz，ラジオの音質は22.05kHZ，CD/MDの音質は44.1kHzである。CD/MDの音質の場合，1秒間に44,100回のサンプリングが行われることになる。また，サンプリングサイズによっても音質が違ってくる。一般的にはサンプリングサイズは，8ビットまたは16ビットである。

　電子楽器の場合**MIDI**（Musical Instrument Digital Interface）を利用するが，この場合，音そのものをデジタル化するのではなく，音の高さ，大きさ，長さ，音色，効果などの演奏情報を数値データに変換している。ちょうど静止画のベクトル画像のようなものである。

＜例題5.4…音声の入力＞
　マイクからクリスマスのお祝いの言葉を入力し，"rei4.wav"として保存し，クリスマスカードに貼り付けてみよう。

<処理手順>

(1) マイクをパソコンの**マイク入力端子**に接続する。

(2) 「アクセサリ」の「エンターテイメント」からサウンドレコーダを起動する。「ファイル」から「プロパティ」を選択すると，図5.13のような画面が表示され，現在のサンプリング状況が表示される。

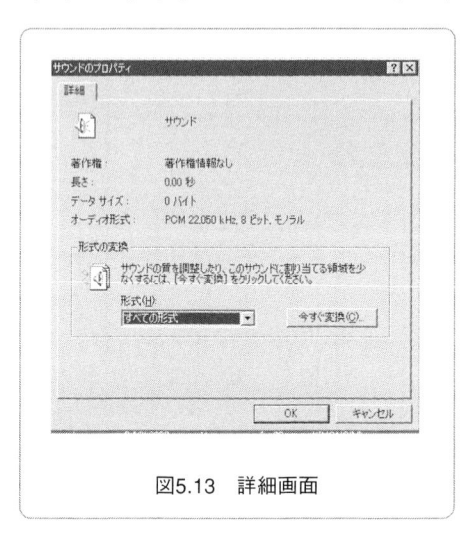

図5.13　詳細画面

(3) サンプリングレートを変更する場合，「今すぐ変換」を選択すると，音質の選択画面が表示される。

(4) ここで，「サウンド名」で「ラジオの音質」を選択すると，形式と属性が自動的に選択される。自動的に選択されない音質については，名前をつけて保存できる。

(5) 録音ボタン「●」をクリックし，声または音楽を録音する。録音されている場合は，波形(図2.6参照)が出力される。波形が出力されない場合には，接続方法が間違っているかサウンドボードの設定が間違っていることが多い。

(6) 波形が大きすぎたり小さすぎたりする場合は，タスクバーの音量のところをダブルクリックすると，図5.14のような音量の調整画面が表示されるので，音量を大きくしたり小さくしたりできる。

図5.14 音量の調整

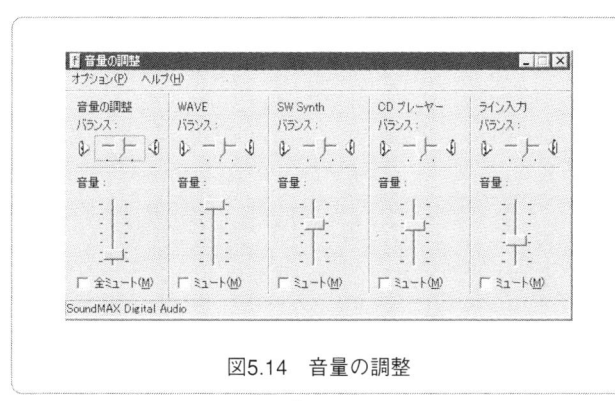

(7) 再度録音する場合は，必ず「巻き戻しボタン」をクリックして最初から録音しなおす。

(8) 録音が終わったら，「再生ボタン」をクリックしてうまく録音されているかどうかを確かめる。

(9) ファイル名に"rei4"と入力し保存する。この場合は，"rei4.wav"（**WAVファイル**）として保存される。

●**練習5.6**

音声をいろいろな形式で入力し，音質とサイズを比較してみよう。

5.2.2 音声の編集1

音声がファイルとして保存されていれば，いらない部分をカットしたり，コピーしたり，いろいろなエフェクトをかけることができる。

<例題5.5…音声の編集>

録音した音声を切り取り，コピーし，**エフェクト**をかけて，音声を編集してみよう。

<処理手順>

(1) サウンドレコーダを起動する。「ファイル」から「開く(O)」をクリックし，"rei4.wav"を開く。

(2)「エフェクタ(S)」をクリックして選択し,「再生速度を下げる」を選択する。「再生ボタン」を押す。
(3)「エフェクタ(S)」から「その他のエフェクト」を選択し,再生してみる。
(4)「□」ボタンをドラッグして位置をずらし,「編集(E)」から「コピー」を選択すると,その位置から最後までの音声がコピーされる。
(5)音声をコピーしたものを,貼り付ける位置を決めて,「編集(E)」から「貼り付け」を選択して貼り付ける。音声を再生してみる。
(6)ファイルを別名で保存し,以前のファイルサイズと比較してみる。サウンドレコーダで録音したファイルは圧縮されていないので,比較的大きなサイズのファイルになることが分かる。

●練習5.7

取り込んだ音声にいろいろなエフェクトをかけ,ファイルサイズを比較してみよう。

＜例題5.6…音声貼り付け＞
クリスマスカードに音声でメッセージを入れてみよう。
＜処理手順＞
(1)Wordを起動する。「挿入」から「図」を選択し,さらに「ファイルから」をクリックし,例題4.1で作成したクリスマスカード("rei1.gif")をWordに挿入する。
(2)「挿入」から「オブジェクト」を選択すると,オブジェクトの挿入のダイアログが表示される。ここで,「ファイルタブ」をクリックしてファイル名を参照し,「OK」をクリックすると,図5.15のようになる。

図5.15　音声の貼り付け

(3) ここで音声ボタン(　)をダブルクリックすると，音声が再生される。

5.2.3　音声の編集2

サウンドレコーダーで音声の編集を行うには，いくつかの制約があった。ここではフリーのソフトをネット上からダウンロードして，音声編集(コピー，切り取り，エフェクト)を試みる。

＜例題5.7…音声編集＞

"rei4.wav"を開き，不要部分を切り取り，エフェクトをかけて編集したものをコピーして2回繰り返すようにしてみよう。

＜処理手順＞

(1) 検索エンジンで"音声編集ソフト"とキーワードを入力して，フリーのソフトを探す。圧縮されたファイルになっているフリーソフトをダウンロードする。ここでは，下記のサイトからダウンロードしたものを利用することにする。

　http://www.forest.impress.co.jp/soundeditor.html

(2) ファイルをダブルクリックして，ソフトを解凍する。ReadMe.txt ファイルを開き，著作権情報や利用情報を確認する。

(3) 音声編集ソフトを起動し，"rei4.wav"ファイルを開く。図5.16のように，対象となる範囲をドラッグして反転させ，いらない部分を切り取る。切り取ったら，再生させてみる。

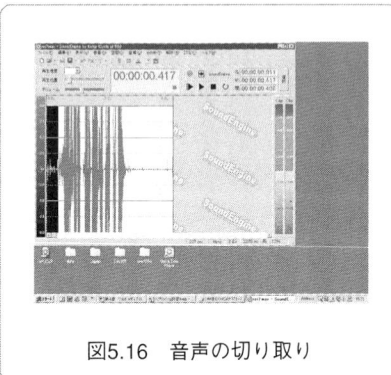

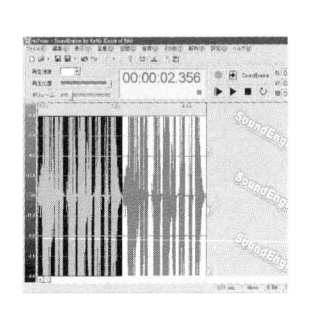

図5.16　音声の切り取り　　　　図5.17　音声のコピー・貼り付け

(4) 残った部分をコピーし，図5.17のように貼り付ける。波形の後半部分を選択し，「その他」から「オクターバー」を選択すると，図5.18のような画面が表示される。ここでつまみを調整し，編集する。このような画面が，音質を変換する場合も表示される。

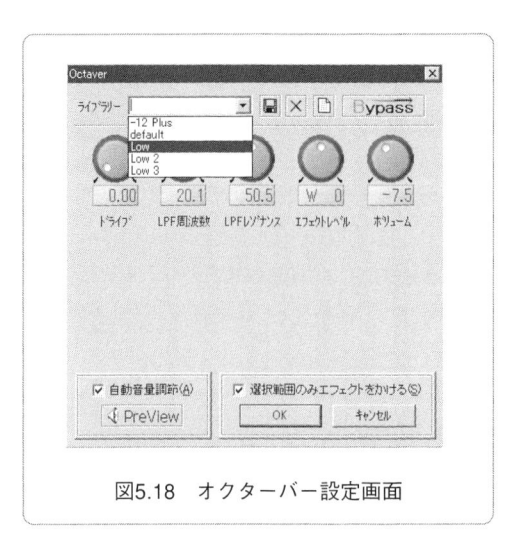

図5.18　オクターバー設定画面

(5) 音声を再生して，元の音声と比較してみる。図5.19のように，波形が変化し，音声が調整されたことが分かる。

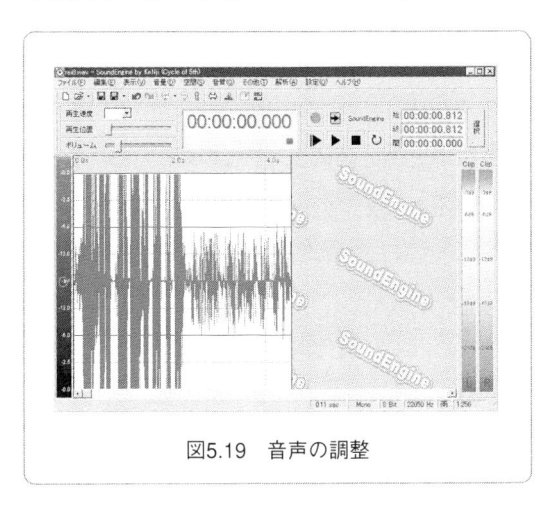

図5.19　音声の調整

(6) エフェクトをかけて気に入った音質になれば，元の音声を切り取る。
(7)「ファイル」から「出力フォーマットの設定」を選択して，音質（ビット数，モノラルあるいはステレオ）を指定し，ファイルを保存する。

●練習5.8
　フリーの音声編集ソフトをいくつかダウンロードし，使い勝手を比較してみよう。
●練習5.9
　音声編集ソフトを用いて編集したものと，元のファイルと音質，サイズを比較してみよう。

5.3 動画の利用

　動画は，テレビやビデオの映像や映画のように時間とともに変化していく画像である。ここではパソコンで扱える動画について考えてみよう。動画を作成する前に，まず作成された動画を見てみよう。動画は静止画(JPEG画像)が何枚も必要になるので，サイズが非常に大きくなる。そこで，いろいろな方法で圧縮されている。Windowsで圧縮されていない動画のファイル形式は**AVI**形式であり，Macintoshでは**QuickTime**形式である。

　また，動画や音声を配信する場合，一度にダウンロードすると時間がかかるので，一定のサイズのものをダウンロードして再生している間に，次の一定サイズのものを送信する方式が考案されている。これを**ストリーミング**という。圧縮とストリーミングは，インターネットで動画や音声を配信するのに欠かせない技術である。現在使われているストリーミング技術の代表的なものに，RealSystem G2，Windows Media Technologies，QuickTimeなどがあるが，方式が標準化されていない。圧縮方式には，MPEG1，MPEG2，MPEG4，MPEG7などがあり，これらも完全に標準化されているわけではない。

5.3.1　動画の再生

　テレビやインターネット上の広告など，いろいろなところで動画が利用されている。まず，Windowsの中ではどのような部分で動画が利用されているかを調べてみよう。

<例題5.8…動画を見る>

Windowsの中にある動画を探して、見てみよう。

<処理手順>

(1)「スタート」から「検索(F)」を選択し、ファイルやフォルダを選択する。「名前(N)」に"*.avi"と入力し、「探す場所(L)」を「ローカルディスク」とする。"*"はファイル名として、どのようなものでもよいことを示す。
(2)「検索開始(I)」をクリックすると検索が開始される。
(3)検索されたファイルのどれかをダブルクリックすると、図5.20のように「Windows Media Player」が起動され、動画が再生される。

図5.20 動画の再生

<例題5.9…動画を見る>

ストリーミング方式で配信されている動画を、RealG2 Playerで見てみよう。

<処理手順>

(1)ブラウザを起動する。RealG2で動画を出すと、図5.21のような画面が表示される。もし、RealG2がインストールされていない場合は「RealG2Player」をダウンロードするとよい。

図5.21　RealG2の画面
（http://www.jp.real.com/）

<例題5.10…ニュースを見る>

Windows Media Playerで最近のニュースを見てみよう。

<処理手順>

(1) Windows Media Playerを起動しメディアガイドを選択すると，図5.22のような画面が表示される。

図5.22　Windows Media Player

(2)「ニュース」の部分をクリックすると,「メディアに接続しています」と表示されてプレビュー画面になり,ビデオクリップが再生される。これは,放送局にあるサーバにビデオクリップが保存されており,そこにアクセスしている状態である。アクセスが完了すると,そこからストリーミング方式で映像がダウンロードされる。再生する場合はネットワークのスピードが速いことが必修で,ネットワークスピードが遅いと動画がとぎれたり音声がとぎれたりする。動画再生のネットワークスピードが,表示されるようになっており,何秒間のビデオクリップであるかも表示される。

5.3.2 動画の取り込み

ビデオから動画をパソコンに取り込む場合,ビデオ取り込みボードが必要であることはすでに学んだ。ビデオ録画には,アナログ方式とデジタル方式がある。デジタルビデオカメラには,ビデオテープに録画する方法とPCカードに録画する方法がある。

ここでは,デジタルビデオテープからパソコンに取り込んで編集することを考えてみる。ビデオテープからパソコンに取り込む(**キャプチャ**)には,キャプチャボードとビデオ取り込みボードについている特別のソフト(動画取り込みソフト)が必要である。

<例題5.11…ビデオ取り込み>

授業風景をデジタルビデオで録画し,パソコンに取り込んでみよう。

<処理手順>

(1)デジタルビデオ(DV)で,カメラ側を選択して授業のようすを録画する。

(2) ビデオカメラとパソコンを接続し，DVをビデオ側に選択する。ビデオ取り込みソフトを起動すると，図5.23のような画面が表示される。

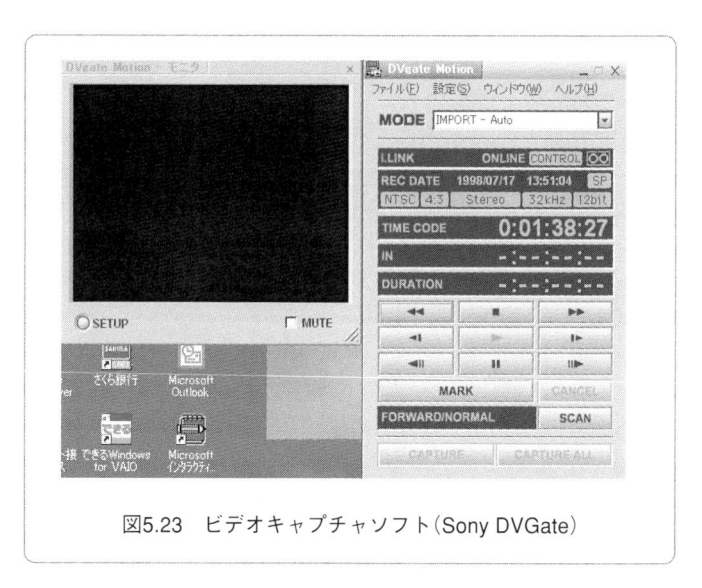

図5.23　ビデオキャプチャソフト(Sony DVGate)

(3) ビデオを再生させると左側に動画が表示されるので，キャプチャーする最初(イン)と最後(アウト)にマーク(MARK)を入れておく。
(4) マークが入った段階で，キャプチャ(CAPTURE)が選択できる状態になるので，「CAPTURE」を選択する。
(5) 自動的にビデオテープが巻き戻され，図5.24のようにビデオキャプチャが行われる。ここでは，DVコーデック(720×480) AVI形式でキャプチャされる。キャプチャが終了した段階で，キャプチャした時間とフレーム数，ファイルサイズが表示される。

図5.24　ビデオキャプチャ

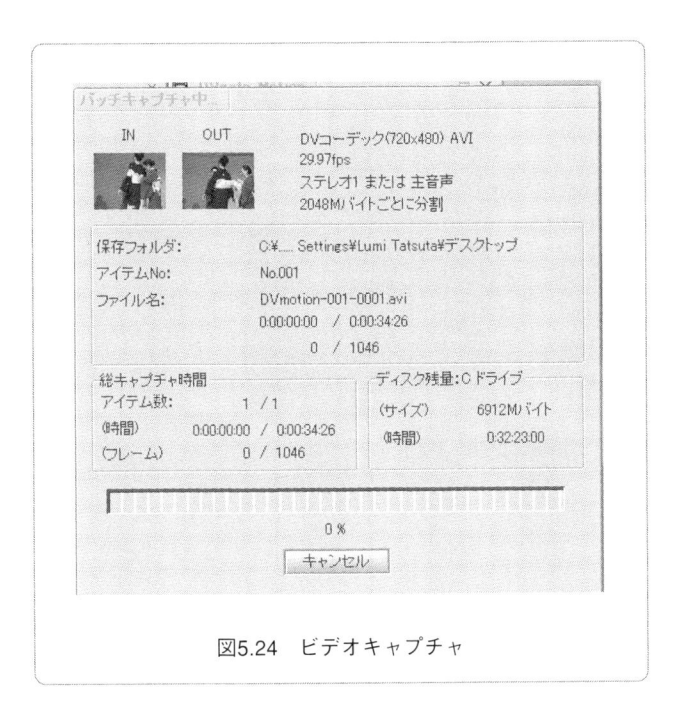

●練習5.10

キャプチャした動画の大きさ，キャプチャ時間，フレーム数およびサイズを調べてみよう。

5.3.3　動画の編集

　動画の編集は，以前は**リニア編集**と呼ばれている方法で行っていた。これは，ビデオテープを先頭から順番に編集する方法である。パソコンで動画を編集する場合は，**ノンリニア編集**と呼ばれている方法で行う。ノンリニア編集は，コンピュータに動画を取り込んであるので，動画の任意の場所から編集することができる。

　動画編集ソフトはいくつかあり，ディジタルビデオカメラを購入すると付属でついてくるものもある。ここでは，Adobe Premiereを用いて編集することを考える。Premiereでは，取り込んだ動画をビデオクリップとして取り扱い，編集中はビデオクリップと編集情報を別

ファイルとして持っている。プレビューする時点では，ビデオクリップと編集情報を合わせて映像を表示している。そして編集を完了した時点で，ビデオテープに出力したり，圧縮をかけて出力したり，ストリーミング方式で出力する。パソコンのメモリのサイズとCPUの速度によって出力の時間が異なるが，かなりの時間がかかる。

このようにパソコンでも動画編集ができるようになったのは，CPUの処理能力が向上したのとメモリが大容量になったお陰である。

＜例題5.12…動画編集＞

取り込んだ動画の不要な部分を削除して編集し，エフェクトをかけてみよう。

＜処理手順＞

(1) Adobe Premiereを起動し，プロジェクトの設定を行う。動画編集は，プロジェクトを単位として行う。「ファイル」から「新規プロジェクト」を選択し，「プロジェクト設定を読み込み」で「Multimedia Video for Windows」を設定すると，図5.25のような画面が表示される。

図5.25のように，モニタウインドが2つ表示されていない場合は，モニタの上の部分を「□□」にする。

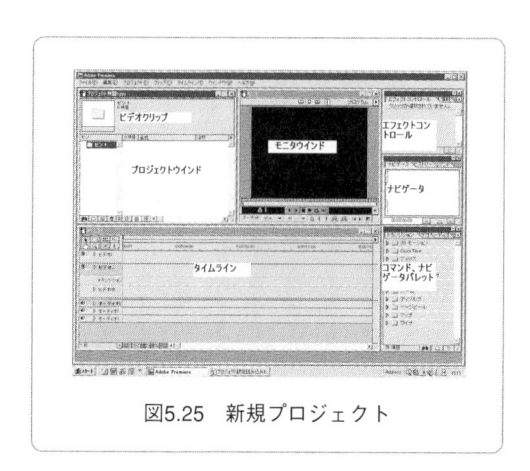

図5.25　新規プロジェクト

(2) プロジェクトにビデオクリップ(パソコンに読み込んだ動画)を「ファイル」から「読み込み」、「ファイル」を選択してプロジェクトに読み込む。複数のビデオファイルやオーディオファイルをクリップとして読み込むことが可能である。
(3) 読み込んだビデオクリップをモニタウインドに置く。ビデオクリップの左端にマウスを移動すると、マウスの形が手の形に変化する。手の形になったものをドラッグし、モニタウインドにドロップすると、図5.26のように映像が左側(モニタウインド)に表示される。

図5.26 ビデオ編集

(4) モニタの下の「▶」をクリックして、動画を再生してみる。
(5) ソース画面を見ながら、いらない部分を削除(トリミング)する。実際の作業は、(6)のように行う。
(6) ソース画面のシャトルスライダを動かしながら、必要な部分に**マークイン**"｜"記号と**マークアウト**"｜"記号を入れる。これは実際にフィルムの前後をカットしたわけではないので、何度でもマークインとマークアウトの位置を変更できる。

(7) トリミングしたビデオクリップを，ビデオ2にドラッグ＆ドロップする。ターゲットウインドにトリミングしたビデオクリップが表示されるので，再生してみる。

(8) プロジェクトを保存する。プロジェクト名のエクステンションは"ppj"であることを確認する。利用したビデオクリップのサイズと，ppjファイルのサイズを比較してみる。

＜例題5.13…効果設定＞

2つのビデオクリップの切り替え効果を入れて，ビデオクリップを合成してみよう。

＜処理手順＞

(1) 2つのビデオクリップを，プロジェクトに読み込む。1つ目のビデオクリップをビデオ1Aに置き，2つ目のビデオクリップをビデオ1Bに置く。この場合，図5.27のようにビデオ1Aのタイムラインの後ろにビデオ1Bがくるようにする。ビデオ1A，トランジション，ビデオ1Bが表示されていない場合は，「▷」をクリックするとよい。2つのビデオクリップが表示されていない場合は，「タイムライン」から「ズームアウト(O)」を選択する。

図5.27　ビデオクリップの合成

(2) 図5.28のように，トランジションのところから入れたいトランジションの項目を選択して手の形になった段階でトランジションの場所にドラッグ＆ドロップする。どのようなトランジションがかけられるかは，トランジションの項目をダブルクリックすると表示されるようになっている。

　　トランジションを長くしたい場合は，トランジションの先頭または後尾のカーソルが赤に変化した場所でドラッグするとよい。

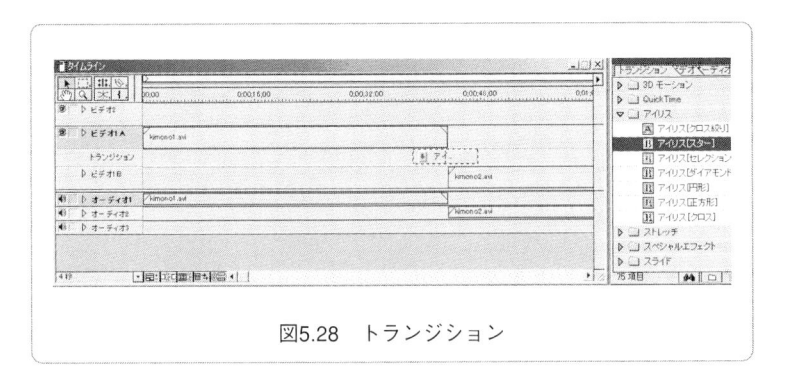

図5.28　トランジション

(3) タイムラインのプレビュー（水色の部分）を，プレビューしたい部分に延長する。
(4) 「タイムライン」から「プレビュー」を選択して，トランジションのプレビューを行う。プレビューに時間がかかるのは，ここでビデオクリップと編集情報を合わせて動画を再生するからである。ここで，プロジェクトを保存する。

＜例題5.14…音声の追加＞

ビデオクリップを合成したものに，音声を入れてみよう。

＜処理手順＞

(1) プロジェクトに「ファイル」から「読み込み」を選択し，音声ファイルを追加する。音声ファイルをドラッグし，図5.29のようにオーディオ3の適切な場所にドロップする。

図5.29 音声の追加

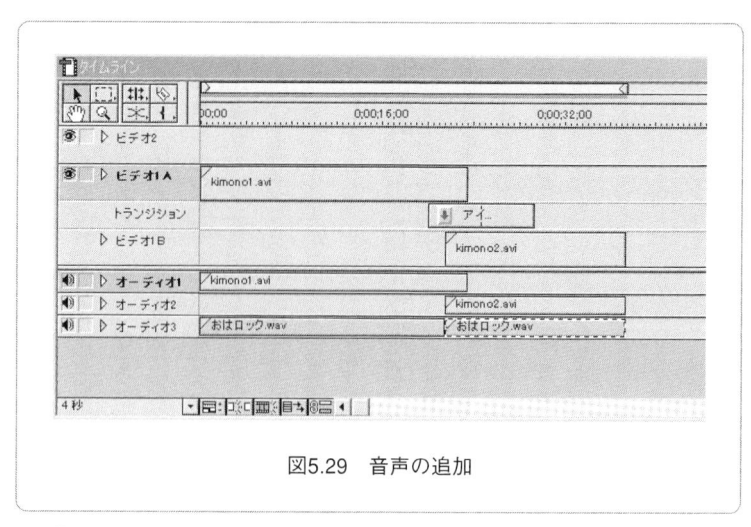

(2)「タイムライン」から「プレビュー」を選択して動画を再生してみる。そして,プロジェクトを保存する。

<例題5.15…タイトルの作成>

作成した動画に,動くタイトル(テロップ)を入れてみよう。

<処理手順>

(1)「ファイル」から「新規」「タイトル」を選択すると,図5.30のような画面が表示される。

- 回転タイトルツール
- オブジェクトの色
- 影の色
- グラデーションの色指定
- グラデーション

図5.30 タイトル作成画面

(2) 色指定の部分をダブルクリックすると，カラーピッカが出てくる。
(3) ここでタイトルを作成する。タイトルを回転させたい場合は，回転タイトルツールを用いる。文字に影をつけたい場合は，「影なし」の部分の「T」を動かすとよい。作成している段階では，影は表示されない。文字のサイズやフォントなどは，「タイトル」から変更できる。図5.31のようにタイトルができたら「タイトル」から「ロール／クロールオプション」を選択し，動かす方向とタイミングを決める「矢印ツール」を選択し，左下のバーを動かすとタイトルが動く。タイトルを動かす(**テロップ**)ために，タイトルの前後に空白行を入れておくとよい。
(4) 名前をつけて保存する。名前をつけて保存すると，"ptl"というエクステンションが名前の後ろにつけられる。

図5.31　タイトル

(5) 名前をつけて保存したタイトルのファイルを読み込む。ビデオ2のタイトルをつけたい部分に貼り付ける。または，タイトル画面をドラッグし，つけたいフレームにドロップする。そして，プレビューしてみる。

5.3.4　ファイルの出力

　編集を終えた動画は，圧縮してムービーとして出力したり，ビデオテープに出力できる。どのような形で出力するかは，動画を利用する用途に依存する。

＜例題5.16…ファイルの出力＞
　今まで作成した動画を，圧縮してファイルに保存してみよう。
＜処理手順＞
(1)「ファイル」から「出力」，「ムービー」を選択すると，図5.32のように現在の設定が表示される。ここで「設定」を選択すると，プロジェクトの設定変更ができる。

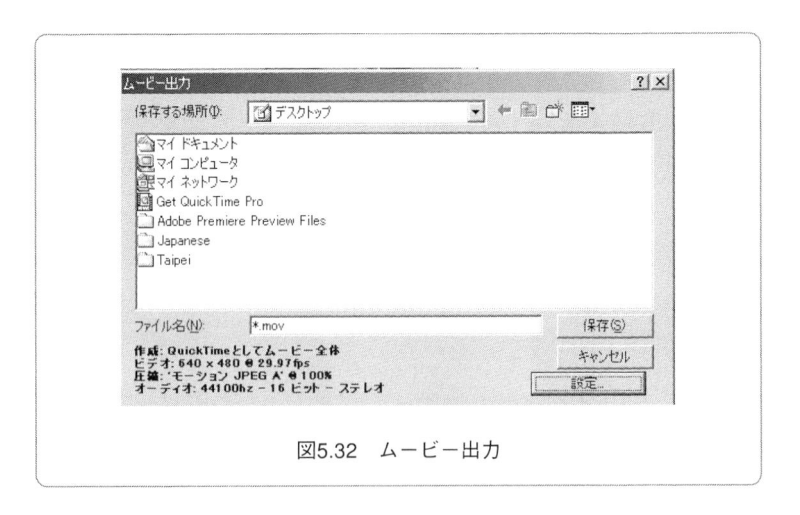

図5.32　ムービー出力

(2)ここでは，ファイルの種類を「Microsoft AVI」とし，圧縮形式を「Cinepak Codec by Radius」，フレームサイズを「320×240」，フレームレートを「15」，オーディオレートを「22kHz」としてムービーを作成する。
(3)出力に必要な時間とファイルサイズを調べる。

(4) 作成したムービーを再生してみる。

●練習5.11
　作成したムービーをいろいろなサイズや圧縮形式で出力させ，出力に要した時間とファイルサイズを比較してみよう。

練習問題　解答

1章

練習1.2

(1) $(365)_{10} =$
$1\times2^8+0\times2^7+1\times2^6+1\times2^5+0\times2^4+1\times2^3$
$+1\times2^2+0\times2^1+1\times2^0 = (101101101)_2$

(2) $(21.5)_{10} =$
$1\times2^4+0\times2^3+1\times2^2+0\times2^1+1\times2^0$
$+1\times2^{-1} = (10101.1)_2$

(3) $(101011)_2 =$
$1\times2^5+0\times2^4+1\times2^3+0\times2^2+1\times2^1$
$+1\times2^0 = (43)_{10}$

(4) $(101.11)_2 =$
$1\times2^2+0\times2^1+1\times2^0+1\times2^{-1}+1\times2^{-2} =$
$(5.75)_{10}$

2章

練習2.1

表2.1　量子化と符号化

標本点	量子化	符号化
2.2	2	010
5.4	5	101
6.7	7	111
4.9	5	101
3.1	3	011
2.7	3	011
5.4	5	101
3.6	4	100
1.8	2	010

3章

練習3.1
「記憶装置」 …… (エ)CD-ROMドライブ，(カ)スマートメディア
「入力装置」 …… (イ)イメージスキャナ，(オ)マウス
「出力装置」 …… (ア)プロジェクタ，(ウ)スピーカ

練習3.2
<働き>
- メインメモリ ……… アプリケーションソフトや周辺機器のドライバなどのプログラムやデータを保持し，CPUに対してデータや命令の入出力を行う。
- キャッシュメモリ … CPUが一度利用したデータや命令を記憶しておき，CPUが再び利用するときにそのデータや命令を渡す働きをする。
- 補助記憶装置 ……… CPUからの命令で，プログラムやデータを書き込み，保持し，必要に応じて読み出す働きをする。

<相違点>
　メインメモリやキャッシュメモリは，電源を切ると記憶を保持できないが，補助記憶装置は，電源を切っても記憶を保持することができる。また，データの読み書きの速度は，キャッシュメモリが一番速く，次にメインメモリ，補助記憶装置の順である。

練習3.3
1) 定められた規格や仕様で周辺機器をコンピュータに接続する。
2) (例)ディスプレイ…AGP，プリンタ…IEEE1284
　＊(例)のように，コンピュータ本体への接続をみて，表3.1や図3.8を参考にして答える。

練習3.4
FM音源 ……………………… sin波を相互に掛け合わせることによって変調をかけて，さまざまな音を作る。
PCM音源 …………………… サンプリングして録音したディジタルの音声を，D/A変換を行ってアナログの音声として再生する。
ウェーブテーブル音源 … 各種の楽器音をPCM方式で録音し，その音に音階をつけるなどして再生する。

練習3.5

	利用の方法	特徴	用途
マウス	マウスポインタがマウスに連動して動く。ボタンを押して操作を指示する。	位置を簡単に指し示すことができる。	コンピュータの操作
タブレット	位置を検出する板状の装置の上で、ペンを動かして位置をコンピュータに入力する。	正確に位置を指定できる。	CAD、図形描画
タッチパネル	ディスプレイの表示を指で触れることによって、コンピュータに指示する。	指を使うので、わかりやすい。	銀行のATM
ジョイスティック	レバーを前後左右に動かしてポインタを動かし、ボタンを押して操作を指示する。	機敏にポインタを動かすことができる。	ゲーム
トラックボール	固定されたボールを指で動かしながらポインタを動かす。	移動しないので場所を取らない。	ノートパソコン

練習3.6

1) $(12.7/2.54 \times 600) \times (25.4/2.54 \times 1,200) = 3,600$万画素
2) $36,000,000 \times (12+12+12)/8 = 162,000,000$バイト（約154MB）

練習3.7

1) $30/15 = 2 \cdots F$値
2) $1,024 \times 768 = 786,432$画素

練習3.8

1) カメラのシャッター速度が、ディスプレイを1回走査する速度より早い場合、シャッターが開いて閉じる間に走査しなかったディスプレイの部分は、感光しないので黒い帯状になる。

2) 色ずれ（コンバージェンスのずれ）、フォーカスのずれ、表示位置による画像の変形などは、画面の位置によって走査の速度を変えたり、偏向角度を調節したりする方法で補正する。

練習3.9

1) $1,024 \times 768 \times 3 = 2,359,269$ 個
2) $(640 \times 480 / 1,024 \times 768) \times 100 ≒ 39.1\%$
3) ・軽量であり，携帯性に優れている。
   ・消費電力が少ない。
   ・表示にゆがみが起きない。
   ・電磁波があまり出ない。
   ・表示が鮮明である。

練習3.10

1)

プリンタ名	特徴
ドットインパクトプリンタ	紙とピンの間にインクリボンをはさみ，ピンを打ち付けて文字を印字する。伝票の印刷など，用紙を数枚重ねた複写用紙の印刷に便利である。
熱転写プリンタ	サーマルヘッドに熱を加え，インクリボンのインクを溶かして用紙に付着させる。インクリボンの消耗が激しく，ランニングコストが高いことが弱点である。
インクジェットプリンタ	小さなノズルから，インクの粒子を紙に吹き付けることによって印字する。安価にフルカラーの印刷ができるので，家庭用として広く用いられるようになった。
ページプリンタ	複数行を一度に印刷することができるプリンタ。感光ドラムでトナーを紙に付着させ，熱で定着させて印刷する。印刷速度が速く，ランニングコストも安いので，印刷を大量に行うオフィスなどで用いられている。

2) $(600 \times 15/2.54) \times (600 \times 25/2.54) ≒ 20,900,000$ ドット

練習3.11

1) $18 \times 512 \times 160 = 1,474,560$ バイト
2) $20,000,000,000 / (8 \times 512) ≒ 488$ 万クラスタ

参考文献・マニュアル・URL・使用ソフト一覧

参考文献

1. 中嶋正之編：入門編マルチメディア標準テキストブック，画像情報教育振興協会（1999）
2. 中嶋正之編：マルチメディア標準テキストブック　基礎・要素技術／システム編，(財)画像情報教育振興協会(1998)
3. 大島篤：見てわかるパソコン解体新書，ソフトバンクパブリッシング（1997）
4. 大島篤：続・見てわかるパソコン解体新書，ソフトバンクパブリッシング（1998）
5. 大島篤：見てわかるパソコン解体新書 vol.3，ソフトバンクパブリッシング（1999）
6. 大島篤：見てわかるパソコン解体新書 vol.4，ソフトバンクパブリッシング（2000）
7. 大島篤：見てわかるパソコン解体新書 vol.5，ソフトバンクパブリッシング（2001）
8. 美濃導彦，西田正吾：情報メディア工学，オーム社(1999)
9. 酒井幸市：ディジタル画像処理入門，コロナ社(1997)
10. 安居院 猛，長尾智晴：画像の処理と認識，昭晃堂(1992)
11. 松下昭：ディジタル情報工学入門(論理演算と設計)，共立出版(1976)
12. 鈴木直美：明解・インターネット時代の標準ファイルフォーマット事典，インプレス(1998)
13. 高橋参吉，下倉雅行：ディジタル画像処理のための学習ツールの開発，教育システム情報学会学会誌，掲載予定
14. 北山洋幸：はじめてのVisual Basic6.0　グラフィックス＆ゲームプログラミング，技術評論社(2000)
15. アンク：Excel2000VBA辞典，翔泳社(2000)
16. KUMIKO：Photoshop 5.5Jパーフェクトマスター，秀和システム(2000)
17. EDメディアファクトリー：パソコンの中身からくり読本，eXMook67，日刊工業新聞社
18. EDメディアファクトリー：周辺機器の中身からくり読本，eXMook70，日刊工業新聞社
19. 小泉寿男編著：マルチメディア概論，産業図書(1997)

20. 長江貞彦編著：マルチメディア検定基礎，共立出版(1998)
21. 木村幸男, 小澤　智, 松永俊雄, 橋本洋志：図解コンピュータ概論ハードウェア，オーム社(1998)
22. 柴山潔：ハードウェア入門，サイエンス社(1997)
23. 岡田博美，六浦光一，大月一弘，山本　幹：昭晃堂(1998)
24. 立田ルミ他：コンピュータとネットワークによる情報活用，朝倉書店(2000)
25. 日経BP社出版局編：デジタル用語辞典2000-2001年版，日経BP社(2000)

マニュアル関係

1. Macromedia: Flash 5ユーザーガイド，Macromedia(2000)
2. Adobe: Photoshop 6.0ユーザーガイド，Adobe(2000)
3. Adobe: Premiere 6.0 ユーザーガイド，Adobe(2001)

参考URL

1. Vector(ベクター)，Windows画像&サウンド
   http://www.vector.co.jp/vpack/filearea/win95/art/index.html
2. 窓の杜ライブラリー，マルチメディア再生・編集・変換
   http://www.forest.impress.co.jp/s_edit.html
3. ホームページ作成用無料素材提供サービス
   http://www.siliconcafe.com/gtool/
4. ファイルコンバーター「bmp2csv」
   http://member.nifty.ne.jp/~asai/seetext/
5. リアルネットワークス　http://www.jp.real.com/
6. Animation GIF Maker：
   http://www.asahi-net.or.jp/~zb8n-httr/index.htm

使用ソフトウェア

1. Microsoft Office 2000 Developer(Excelほか)
2. エクスツール：Shade Debut R5
3. Microsoft Visual Basic 6.0 Enterprise Edition
4. Microsoft Windows付属ソフト(Paint，Sound Recorder，Windows Media Player)
5. Adobe Photoshop 6.0

6. Adobe Premiere 6.0
7. Macromedia Flash 5.0
8. Epsonスキャナーソフト（TWAIN対応）
9. Sony社 DVGate
10. Animation GIF Maker（フリーソフト）
11. Sound Engine（フリーソフト）
12. RealネットワークReal1G2Player（フリーソフト）
など

登録商標

Microsoft，MS-DOS，Windows，Windows NT，Visual Basic，Visual Studio，MSDNは，米国Microsoft Corporationの米国およびその他の国における登録商標または商標です。Adobe，Photoshop，Illustrator，Adobe Premiere，PostScriptは，Adobe System Incorporatedの商標です。Shadeはエクス・ツールス（株）の商標です。Flashは，Macromedia, Inc.の登録商標または商標です。DVgate，i.LINKは，ソニー（株）の登録商標です。Fire Wireは，Apple Computer社の登録商標です。Paint Shop Proは，Jasc Software,Inc.の商標です。その他，本書に掲載された社名および製品名は，各社の商標または登録商標です。

索引

記号

1CCD方式	106
1の補数	13
2の補数	13,14
3CCD方式	106
3DMF	30
3Dグラフィックス	21
7ビットコード	16
8ビットコード	17

A

A/Dコンバータ	23
ADPCM	35
AD変換	42
AGP	86
AGPスロット	88
AGPバス	85
API	144
ASF	40
AVI	40,166

B

BMP	24

C

CD-ROM	122
CIS	101
CLUT	24
CMYKカラー	135
CPU	81
CUI	97

D

DA変換	42
DCT変換	31
DIMM	83
DRAM	83
DVD-ROM	123
DVコーデック	107
DXF	30

E

EEPROM	105
EUC	17

F

FireWire	87
F値	102

G

GIF	24
GUI	97

I

i.LINK	87
IDE	86
IEEE1284	86,119
IEEE1394	86
IRDA1.0	86

J

JIS	17
JPEG	24,31,105,147

L

Labカラー	135
LED	118
LZW圧縮	30

M

MIDI	34,91,108,159
MIDI音源	35
MO	126
MP3	36
MPEG	90
MPEG/Video	39

N

MD	126

O

OCR	101

P

PCI	86
PCIバス	85
PCM音源	91
PCM方式	33,45
PICT	27

Q

QuickTime	40,166
QWERTY	95

R

RAM	84
RAMDAC	89
RGBカラー	135

RGBモデル ……………………… 24
ROM ……………………………… 84
RS-232C ………………………… 86

S
SCSI ……………………………… 86
SIMM ……………………………… 83
SRAM ……………………………… 84

T
TFT液晶ディスプレイ …………… 114
TIFF ……………………………… 24
TWAIN ………………………… 101,144

U
Unicode ………………………… 17
USB …………………… 86,119,146

V
VGA ……………………………… 37
VRAM …………………………… 89
VRML …………………………… 30

W
WAVファイル …………………… 161
WMF …………………………… 26

Y
YUVカラーモデル ………………… 39

ア
アウトラインフォント …………… 120
圧縮 ……………………………… 107
アナログ画像 …………………… 48
アナログ値 ……………………… 42
アナログ量 ……………………… 6
アニメーションGIF ……………… 150
アパーチャグリル方式 …………… 111
アモルファス …………………… 125
アルファチャネル ………………… 133

イ
イメージスキャナ ………………… 98
インクジェットプリンタ ………… 117
インタフェース ………………… 86
インターライン転送 ……………… 104
インターレース方式 ……………… 111
インデックスカラー ……………… 24
インパクト型プリンタ …………… 115
隠面処理 ………………………… 28

ウ
ウーハ …………………………… 121
ウェーブテーブル音源 …………… 91

エ
エイリアシング ………………… 49
液晶ファインダー ……………… 105
エスケープシーケンス …………… 18
エッジ …………………………… 63
エフェクト ……………………… 161
エルゴノミックキーボード ……… 93
エンクロージャ ………………… 121
演算装置 ………………………… 82

オ
押し出し ………………………… 28

カ
カーニング ……………………… 138
解像度 ……………………… 48,112
階調数 …………………………… 50
外部記憶装置 …………………… 122
拡張カード ……………………… 88
拡張バス ………………………… 85
画素 ……………………………… 48
加法混色 ………………………… 23
カラーピッカー ………………… 129
カラーモデル …………………… 23
ガンマ …………………………… 144

キ
キーフレーム ………………… 39,154
キーボード ……………………… 93
記憶装置 ………………………… 80
キャッシュメモリ …………… 82,84
キャプチャ ……………………… 169
記録メディア …………………… 9

ク
空間型圧縮 ……………………… 107
クラスタ ………………………… 125
グラフィックスアクセラレータ 26,89
クリスタル ……………………… 125
グレースケール ………………… 135
クロック周波数 ………………… 82

コ
コーデック ……………………… 170
光学式マウス …………………… 95
光学ズーム ……………………… 103
光磁気記録方式 ………………… 126
WAVE(コラム：WAVE File) …… 34
コントラスト …………………… 60
コンパクトフラッシュ …… 105, 123
コンパンディング ……………… 35
コンポーネント方式 …………… 106
コンポジット方式 ……………… 106

サ
サーマルインクジェット方式 …… 117
サーマルヘッド ………………… 116
サウンドカード ………………… 90

188

差分情報 …………………………………… 39
サムネール ……………………………… 147
サンプリング周波数 …………………… 44
サンプリング定理 ……………………… 44
サンプリングレート …………………… 159

シ

シークタイム …………………………… 125
シーケンサ ……………………………… 35
シートフィード型スキャナ …………… 98
シェーディング ………………………… 29
シェイプ …………………………… 137,153
時間型圧縮 ……………………………… 107
磁気ディスク …………………………… 125
辞書圧縮 ………………………………… 30
システムバス …………………………… 85
シフトJIS ………………………………… 17
絞り ……………………………………… 102
ジャギー ………………………………… 120
シャドウ ………………………………… 144
シャドウィング ………………………… 29
シャドウマスク方式 ……………… 110,111
焦点距離 ………………………………… 102
周波数 …………………………………… 32
主記憶装置，…………………………… 82,83
縮小光学系方式 ………………………… 100
受光素子 ………………………………… 104
出力装置 ………………………………… 80
小数の変換 …………………………… 12,13
処理装置 ………………………………… 80
シリアルインタフェース ……………… 88
シリアルポート …………………… 88,146
振幅 ……………………………………… 32
シンボル ………………………………… 155

ス

スイープ ………………………………… 28
垂直同期周波数 ………………………… 111
水平同期周波数 ………………………… 111
スキニング ……………………………… 28
スキャン ………………………………… 146
スキャンライン ………………………… 29
スタイラスペン ………………………… 96
ステップスカルプチャ ………………… 93
ストリーミング ………………………… 166
スピーカ ………………………………… 121
スプライン曲線 ………………………… 25
スマートメディア ………………… 105,123

セ

制御装置 ………………………………… 82
整数の変換 ……………………………… 12
赤外線データ通信 ……………………… 87
セクタ …………………………………… 125
鮮鋭化 …………………………………… 66

ソ

相変化記録方式 ………………………… 124

タ

タイムライン …………………………… 153
単一指向性マイク ……………………… 108

チ

チャンネル数 …………………………… 34
中央処理装置 …………………………… 81

ツ

ツイータ ………………………………… 121
通信メディア …………………………… 9

テ

ディジタル画像 ………………………… 48
ディジタルカメラ ……………………… 102
ディジタル信号 ………………………… 7
ディジタルズーム ……………………… 103
ディジタル値 ………………………… 6,42
ディジタルビデオカメラ ……………… 106
ディジタル量 …………………………… 6
テクスチャマッピング ………………… 29
デルタフレーム ………………………… 39
テロップ ………………………………… 177
電子楽器 ………………………………… 108
電子ビーム ……………………………… 110

ト

トゥイーン ……………………………… 156
ドット …………………………………… 48
ドットピッチ ……………………… 112,120
トナーカートリッジ …………………… 118
トラック ………………………………… 125
ドラッグ＆ドロップ …………………… 152
トラックパッド ………………………… 97
トラックボール ………………………… 97
ドロー系 ………………………………… 128

ナ

内部記憶装置 …………………………… 82

ニ

2進数 …………………………………… 7
2値信号 ………………………………… 8
入力装置 ………………………………… 80

ネ

熱転写プリンタ ………………………… 116
熱変形記録方式 ………………………… 124

ノ

濃度値 …………………………………… 50
濃度値ヒストグラム …………………… 59
濃度の変換 ……………………………… 59
濃度反転 ………………………………… 59
ノンインターレース方式 ……………… 111
ノンインパクト型プリンタ …………… 115
ノンリニア編集 ………………………… 171

ハ

ハードディスク	125
バイト(byte)	11
ハイライト	144
バス	85
発光ダイオード	101
パブリッシュ設定	157
パラレルポート	88
ハンディ型スキャナ	98

ヒ

ピエゾ方式	117
非可逆圧縮	25,31
光ディスク	122
光の3原色	50
ピクセル	48
ヒストリー	139
ビット(bit)	11
ピット	123
ビットマップデータ	128
ビットマップフォント	120
ビデオカード	88,89
ビデオキャプチャ	89
微分フィルタ	63,65
表現メディア	8
標本化	6,44
標本化周波数	34,44
標本化定理	44,49
標本点	44

フ

フィルタ	140
フィルタリング	63
フィルムスキャナ	98
フォトダイオード	99
フォトレタッチ	134
符号化	6,45
符号化方法	34
ブラウザ	152
プラグ・アンド・プレイ	87
フラッシュメモリ	105,123
フラットベッド型スキャナ	98
ブルートゥース	87
フルカラー	50
フレーム	37,71,152
フレーム間圧縮	39
フレーム内圧縮	39
フレームレート	37,71,154
プレビュー	143
フロッピーディスク	125

ヘ

ページプリンタ	118
平滑化フィルタ	63
平均値フィルタ	64
ペイント系	128
ベクタグラフィックス	21
ベクトルデータ	128
ベクトル量子化	39
ベジェ曲線	26
ヘッダ情報	34
偏光板	113
偏向ヨーク	110

ホ

ボール式マウス	95,110,111
補助記憶装置	82,122
補数	13
ホット・プラグ機能	87
ポリゴン	28

マ

マークアウト	173
マークイン	173
マイクロフォン	108
マウス	95
マザーボード	85
マルチメディア	8
マンマシン・インタフェース	97

ミ

密着光学系方式	100

ム

ムービー	152
無指向性マイク	108
無線LAN	87

メ

明度	59
メインメモリ	83
メタボール	28
メディアンフィルタ	65
メモリスティック	105

モ

モーション	153
モーフィング	153
モデリング	27
モノクロ2階調	135

ユ

ユーザインタフェース	97

ラ

ラスタグラフィックス	21
ラスタライズ	119,141
ラプラシアンフィルタ	66
ランド	123

リ

離散コサイン変換	31
リニア編集	171
リニアアレイCCD	98
リフレッシュレート	111
量子化	6,45
量子化数	50

量子化ビット数 ……………… 34

レ
レイ・トレーシング ……………… 29
レイヤー ……………………………… 133
レイヤーパレット ………………… 137
レジスタ ……………………………… 82
レンダリング ……………………… 27

ロ
ロータリーエンコーダ ……………… 95
露出 ………………………………… 144

ワ
ワイヤーフレーム ……………… 28

著者一覧

高橋　参吉　千里金蘭大学教授
　　　　　　担当：2章，全体の編集
立田　ルミ　獨協大学教授
　　　　　　担当：4，5章
西野　和典　九州工業大学教授
　　　　　　担当：3章
野村　典子　武庫川女子大学教授
　　　　　　担当：1章

●とびら・本文デザイン：岡崎美和子

情報メディア入門

NDC 007

2002年2月20日　第1刷発行
2019年9月30日　第11刷発行

編　著　　高　橋　参　吉
発行者　　小　田　良　次
印刷製本　大日本法令印刷株式会社
発行所　　実教出版株式会社
〒102-8377　東京都千代田区五番町5番地
電話　〈営　　業〉(03)3238-7765
　　　〈企画開発〉(03)3238-7751
　　　〈総　　務〉(03)3238-7700
http://www.jikkyo.co.jp/

©S.TAKAHASHI 2002

ISBN978-4-407-02422-7 C3055